極簡烹飪教室 4
肉類

How to Cook Everything The Basics:
All You Need to Make Great Food
Meat and Poultry

馬克・彼特曼
Mark Bittman

目錄

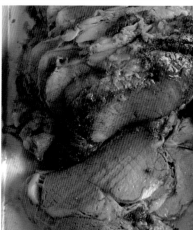

禽肉　Poultry　—　51

如何使用本書

《極簡烹飪教室》全系列不只是食譜，更含有系統性教學設計，可以簡馭繁，依序學習，也可運用交叉參照的設計，從實作中反向摸索到需要加強的部分。

基礎概念建立

料理的知識廣博如海，此處針對每一類料理萃取出最重要的基本知識，為你建立扎實的概念，以完整發揮在各種食譜中。

食譜名稱

本系列精選的菜色不僅是不墜的經典、深受歡迎的必學家庭料理，也具備簡單靈活的特性，無論學習與實作都能輕易上手，獲得充滿自信心與成就感的享受。

簡單介紹

一眼讀完的簡單開場，讓你做好心理準備，開心下廚！

食材

這道菜所需的材料分量，及其形態或使用性質。

基本步驟

以簡約易懂的方式，引導你流暢掌握時間程序，學會辨識熟度、拿捏口味，做出自己喜歡的美味料理。

漢堡排

The Burger

時間：20 分鐘
分量：4~6 人份

自己做絞肉是最棒的。

· 700 克無骨的肩胛牛排，切成 2.5 公分小塊，或預先絞好的牛絞肉也可以
· ½ 顆小型白洋蔥，切小塊，非必要
· 鹽和新鮮現磨的黑胡椒
· 180 克切達乳酪，刨成絲或切成薄片皆可
· 漢堡圓麵包、硬式圓麵包或英式馬芬任選，喜歡的話可以烤一下
· 萵苣、番茄、洋蔥切片、醃漬物，以及你喜歡的佐料

1. 準備燒烤爐，或打開炙烤爐。熱度應等同於中大火，金屬架距離熱源約 10 公分。如果用炙烤法，在開始烤的 10 分鐘之前，先把可直接放入烤箱的大型煎鍋放在金屬架上。

2. 自行製作牛絞肉，把牛肉、洋蔥（視喜好）和一大撮鹽與胡椒放進食物調理機，用間歇攪打，打成粗絞肉，比粗切稍微細一點，但不要太細。如果機器很小，請分批絞打。如果你是用事先打好的牛絞肉，則把洋蔥切碎（如果你要用洋蔥的話），混入絞肉裡，撒一大撮鹽和胡椒。

3. 捏絞肉的動作越少越好，輕輕捏成 4 大塊或 6 小塊漢堡排。可以在燒烤前幾個小時預先做好，用保鮮膜

肉不要絞過頭。

自己做絞肉 用機器間歇攪打，可以避免絞打過頭，打成剛開始要黏結在一起即可。

補充說明

提醒特別需要注意的細節。

重點圖解

重要步驟特以圖片解說，讓你精準理解烹飪關鍵。

極簡小訣竅

▶ 任何部位的全瘦絞肉烤起來都
既乾又粗硬。無論你是不是自己
做絞肉，都請選擇含有適量脂肪
的肉。應該要能夠看到脂肪。

▶ 靠信心來調味。一開始大方撒
一把鹽和胡椒，並嘗嘗味道，需
要的話再多加一點。試吃的方法
是舀出一點肉放進煎鍋煎熟來
嘗。

變化作法

▶ **煎漢堡排：** 捏成肉餅後，依照
本書 15 頁「煎牛排」的指示。

▶ **其他種類的肉餅：** 試著用豬
肉、羊肉、火雞、雞肉（請加入
雞皮）甚至海鮮來取代牛肉。火
雞、雞肉和海鮮要煎烤到內部完
全沒有粉紅色，但又不能變成灰
色且乾硬。

▶ **調味漢堡排：** 拌入切碎的新鮮
香料植物，如迷迭香、鼠尾草或
羅勒。也可加入辛香料，如咖哩
粉、辣椒粉或孜然粉。或試著加
一點醬油、渥斯特黑醋醬或塔巴
斯克辣椒醬。

延伸學習

牛肉的基本知識　　　　　B4:10
燒烤　　　　　　　　　　　S:43
炙烤　　　　　　　　　　　S:42

左側文字（被裁切）：

...好冷藏，要燒烤前
...到室溫。

...的燒烤爐上或者炙
...要撥動，直到變成很
...，約 3-5 分鐘。翻
...方法烤另一面，如果
...在這時候放在漢堡排
...刀子割開一道小口，
...熟度，如果漢堡排的
...公分，也可用溫度計
...三分熟，要再多烤 3
...超過 2.5 公分，需要
...少於 2.5 公分，時
...最後搭配圓麵包端上
...上你喜歡的任何配

...排　捏成肉餅時，只
...成形即可，用大拇
...成圓形。如果太用力
...硬。

漢堡排翻面　等底部烤成
褐色，且表面烤出硬殼，
就很容易移動了。不要一
直撥動漢堡排。

用力捏壓肉餅會
把美味的肉汁擠
出來，千萬不要
這麼做！

加上乳酪　漢堡排翻面後，把
乳酪堆在表面上，烤爐的熱度
會讓乳酪漸漸融化。

紅肉　15

變化作法

可滿足不同口味喜
好，也是百變料理的
靈感基礎。

延伸學習

每道菜都包含重要的
學習要項，若擁有一
整套六冊，便可在此
參照這道菜的相關資
訊，讓你下廚更加熟
練。*

* 代號說明：
本系列為 5 冊 + 特別冊，B1
代表第 1 冊，B2 為第 2 冊……
B5 為第 5 冊，S 為特別冊。

為何要下廚？

現今生活，我們不必下廚就能吃到東西，這都要歸功於得來速、外帶餐廳、自動販賣機、微波加工食品，以及其他所謂的便利食物。問題是，就算這些便利的食物弄得再簡單、再快速，仍然比不上在家準備、真材實料的好食物。在這本書裡，我的目標就是要向大家說明烹飪的眾多美好益處，讓你開始下廚。

烹飪的基本要點很簡單，也很容易上手。如同許多以目標為導向的步驟，你可以透過一些基本程序，從 A 點進行到 B 點。以烹飪來說，程序就是剁切、測量、加熱和攪拌等等。在這個過程中，你所參考的不是地圖或操作手冊，而是食譜。其實就像開車（或幾乎任何事情都是），所有的基礎就建立在你的基本技巧上，而隨著技巧不斷進步，你會變得更有信心，也越來越具創造力。此外，就算你這輩子從未拿過湯鍋或平底鍋，你每天還是可以（而且也應該！）在廚房度過一段美好時光。這本書就是想幫助初學者和經驗豐富的廚子享有那樣的時光。

在家下廚、親手烹飪為何如此重要？

▌ **烹飪令人滿足** 運用簡單的技巧，把好食材組合在一起，做出的食物能比速食更美味，而且通常還能媲美「真正的」餐廳食物。除此之外，你還可以客製出特定的風味和口感，吃到自己真正喜歡的食物。

▌ **烹飪很省錢** 只要起了個頭，稍微花點成本在基本烹飪設備和各式食材上，就可以輕鬆做出各樣餐點，而且你絕對想不到會那麼省錢。

▌ **烹飪能做出真正營養的食物** 如果你仔細看過加工食品包裝上的成分標示，就知道它們幾乎都含有太多不健康的脂肪、糖分、鈉，以及各種奇怪成分。從下廚所學到的第一件事，就是新鮮食材本身就很美味，根本不需要太多添加物。只要多取回食物的掌控權，並減少食用加工食品，就能改善你的飲食和健康。

▌ **烹飪很省時** 這本書提供一些食譜，讓你能在 30 分鐘之內完成一餐，像是一大盤蔬菜沙拉、以自製番茄醬汁和現刨乳酪做成的義大利麵、辣肉醬飯，或者炒雞肉。備置這些餐點所需的時間，與你叫外送披薩或便當然後等待送來的時間，或者去最近的得來速窗口點購漢堡和薯條，或是開車去超商買冷凍食品回家微波的時間，其實差不了多少。仔細考慮看看吧！

▌ **烹飪給予你情感和實質回饋** 吃著自己做的食物，甚至與你所在乎的人一同分享，是非常重要的人類活動。從實質層面來看，你提供了營養和食物，而從情感層面來看，下廚可以是放鬆、撫慰和十足快樂的事，尤其當你從忙亂的一天停下腳步，讓自己有機會專注於基本、重要又具有意義的事情。

▌ **烹飪能讓全家相聚** 家人一起吃飯可以增進對話、溝通和對彼此的關愛。這是不爭的事實。

我比以前少吃肉了，很多人和我一樣相信少吃肉對健康和環境比較好，當然也比較省荷包。現在我都把肉視為大餐，如果真要料理，就會希望吃起來很美味。這也表示要向值得信賴的來源買肉，依照料理法選擇適當的部位，好好調味，盡所能把肉料理到最好。而以上所有的一切，你都會在本書學到。

　　判斷食物的熟度常嚇退很多人，即使料理老手也一樣。每個人似乎都認為，一定有什麼竅門能把牛排煎成三分熟，或把肋排煮成骨肉分離的軟嫩，但事實上，料理肉類和料理其他食材並沒有什麼不同，你需要知道手上的食材適合用哪一種料理技術（或者，以肉來說，針對你要料理的肉類和部位選擇烹調方法），不斷練習，直到得出心得。同時，假如成果不完全如你所想，還是很值得開心，畢竟是自己親手做出來的。

　　這裡介紹燒烤、炙烤、烘烤、煎燒、煨燉、翻炒的一些最簡單、最有效率的方法，你也會學到如何在烹煮之前、烹煮之中和烹煮之後為肉增添風味。最重要的是，你會發現肉並不難處理。況且，無論煮的是牛肉、羊肉還是豬肉，烹煮技術其實都一樣，所以你可以準備大展身手了。

紅肉 Meat

牛肉的基本知識

選購肉類

　　大多數的肉類（牛肉、豬肉、羊肉、雞肉和火雞等等）都是工業化生產，其中有些過程既可悲，又常常很不人道，包括例行的抗生素注射，以及生長激素、不自然的飲食，飼養環境也通常很惡劣。商品標示其實沒什麼用，如果想要知道某隻動物來自何處，飼養狀況如何，就得主動開口問，或自己做點研究。最好的對策通常是去農夫市集、專業肉鋪、消費合作社購買肉品。如果能找到品質好、用有道德的方法飼養的肉品，你的飲食經驗絕對會有天翻地覆的改變。

牛絞肉

　　如果你有食物調理機，可考慮自己絞碎牛肉，如同本書 14 頁的肉堡排食譜所示。若要買預先絞碎的肉，這裡有些竅門：大多數超市的「牛絞肉」是用許多牛的不同部位混合而成，你（完全）不會知道自己買到哪個部位。留意肉品標示上有無「後腿絞肉」「腰絞肉」或「肩胛絞肉」等對應到特定部位的詳細說明，或開口問店員。包裝上如果有標示出比例，如 75/25、80/20、85/15 或 90/10，代表肉與脂肪的比例。有時標籤只會標明 90% 肉。若要購買多汁且風味充足的牛絞肉，就要特別挑選瘦肉占 80~85%。沒錯，這種絞肉的熱量比更瘦的絞肉高（更瘦的絞肉也比較便宜），不過如果你把吃肉當成「大餐」，那麼真要煮的時候，你會希望吃起來很美味。

這樣熟了沒？

　　你可以把溫度計插入肉塊最厚的部分，或切出一道小開口看看裡面。要煮出最多汁的成品，肉排、肉塊和肉餅就比你想要的熟度早一個階段（約低個 3℃）離火，再靜置 5~10 分鐘，肉就會達到最後的溫度。

一分熟，49~52℃
中央是亮紅色

三分熟，54~57℃
中央是亮粉紅色

五分熟，60~63℃
中央是淡粉紅色

七分熟，65~68℃
一點粉紅色都沒有

全熟，71℃以上
整個是深褐色或灰色

牛腰內肉

肋眼牛排

牛肩胛肉塊

常見牛肉部位的烹調法

烘烤

大肉塊，大部分脂肪包圍在外側：

頂級牛肋

腰內肉塊（菲力，小里肌）

後腰脊肉塊（沙朗，里肌）

下後腰脊肉（角尖肉）

上後腿肉

臀肉塊

後腿肉塊

燒烤、炙烤和煎煮

小肉塊，大部分脂肪包圍在外側：

肋眼牛排

紅屋牛排（前腰脊肉及菲力）

丁骨牛排（前腰脊肉及較少的菲力）

後腰脊肉（沙朗牛排）

側腹牛排

側腹橫肌牛排

紐約客牛排（前腰脊肉）

菲力牛排（腰內肉）

適合煨燉或慢烤法

脂肪豐厚的「燉肉」，整塊或切小塊：

牛肩胛肉塊

肩胛牛排

牛前肘肉塊

牛肩肉塊

牛胸肉

後腿牛排

牛小排

烤牛排

Grilled or Broiled Steak

時間：20~25 分鐘
分量：2~4 人份

簡單講：鹽，胡椒，肉，加熱，吃。

· 2 塊前腰脊牛排、肋眼牛排或其他牛排（每一塊大約 2.5 公分厚，225 克），常溫狀態
· 鹽和新鮮現磨的黑胡椒

1. 準備燒烤爐，或打開炙烤爐。熱度應為中大火，金屬架距離熱源約 10 公分。如果你用炙烤法，則準備開始烤的 10 分鐘前，先放一只可直接放入烤箱的大型煎鍋到金屬架上。

2. 用紙巾吸乾牛排表面的水分，在朝上的一面撒上鹽和胡椒。

3. 牛排調味過的那一面朝下，放到燒烤爐上或炙烤爐下，再撒一點鹽和胡椒到朝上的那一面。烤一下，不要撥動，直到牛排可輕鬆移動為止，約 3 分鐘。接著翻面烤另一面，用鋒利的刀子切開一道切口，時時查看熟度。三分熟大概烤 3 分鐘。如果牛排的厚度超過 2.5 公分，需要烤久一點；若不到 2.5 公分，時間短一點。

4. 牛排的顏色烤到比你所希望的還要稍微紅一點時，即可離火，並靜置至少 5 分鐘。可多撒一點鹽和胡椒，然後切成兩塊，或維持一整塊。

如果用炙烤，可以在煎鍋上滴幾滴水，假如水滴立刻蒸發，表示煎鍋夠熱。

準備牛排 濕濕的牛排去烤會像蒸熟，而不是烤熟。為了讓牛排均勻受熱，一開始要先回復到室溫，不是直接從冰箱拿出來烤。

加熱爐具表面 牛排一放上燒烤爐或煎鍋，應該會滋滋作響，如果沒有，表示表面還不夠熱。

即使同一塊牛排，不同部位
的熟度可能會稍微不同。

從切口看熟度　只要切開一道
小口，不要切一大口。這是唯
一可確定熟度的方法，像牛排
這麼薄的一塊肉，即使放入溫
度計也讀不到精確的讀數。

極簡小訣竅

▶ 牛排烤好後，不要立刻切開，
先靜置至少 5 分鐘。餘溫會繼續
加熱，讓牛排更熟。

變化作法

▶ **煎牛排：**這種方法比熱度較高
的烤法保險些。2 大匙橄欖油倒
入大型平底煎鍋，開中小火。依
步驟 2 準備好牛排，等油燒熱，
把牛排放入煎鍋內（不會發出滋
滋聲），調味過的那一面朝下，
然後在目前朝上的另一面撒點鹽
和胡椒。煎到邊緣開始變成褐
色，約 5~10 分鐘，然後翻面煎
3~5 分鐘，直到牛排至少比你想
要熟度的稍微紅或粉紅一個等
級。轉中大火，再煎一下，翻面
一次，兩面都煎燒一下，這段時
間不超過 1 分鐘。把牛排夾出煎
鍋，靜置一下，上桌時可把鍋子
裡的肉汁淋到牛排上。

▶ **法式黑胡椒牛排：**開始步驟 1
之前，先粗磨 1 大匙黑胡椒，並
融化 1 大匙的奶油。如同步驟 2，
為牛排撒上鹽和胡椒，並把多準
備的胡椒放到生牛排上按壓一
下，然後兩面都刷上奶油。

延伸學習

漢堡排

The Burger

時間：20 分鐘
分量：4~6 人份

自己做絞肉是最棒的。

- 700 克無骨的肩胛牛排，切成 2.5 公分小塊，或預先絞好的牛絞肉也可以
- ½ 顆小型白洋蔥，切小塊，非必要
- 鹽和新鮮現磨的黑胡椒
- 180 克切達乳酪，刨成絲或切成薄片皆可
- 漢堡圓麵包、硬式圓麵包或英式馬芬任選，喜歡的話可以烤一下
- 萵苣、番茄、洋蔥切片、醃漬物，以及你喜歡的佐料

1. 準備燒烤爐，或打開炙烤爐。熱度應等同於中大火，金屬架距離熱源約 10 公分。如果用炙烤法，在開始烤的 10 分鐘之前，先把可直接放入烤箱的大型煎鍋放在金屬架上。

2. 自行製作牛絞肉，把牛肉、洋蔥（視喜好）和一大撮鹽與胡椒放進食物調理機，用間歇攪打，打成粗絞肉，比粗切稍微細一點，但不要太細。如果機器很小，請分批絞打。如果你是用事先打好的牛絞肉，則把洋蔥切碎（如果你要用洋蔥的話），混入絞肉裡，撒一大撮鹽和胡椒。

3. 捏絞肉的動作越少越好，輕輕捏成 4 大塊或 6 小塊漢堡排。可以在燒烤前幾個小時預先做好，用保鮮膜或錫箔紙緊緊包好冷藏，要燒烤前先拿出來回復到室溫。

4. 漢堡排放到火熱的燒烤爐上或者炙烤爐下烤，不要撥動，直到變成很容易移動為止，約 3~5 分鐘。翻面，以同樣的方法烤另一面，如果要加乳酪，請在這時候放在漢堡排上面。拿銳利刀子割開一道小口，時時查看內部熟度，如果漢堡排的厚度超過 2.5 公分，也可用溫度計測量。如果要三分熟，要再多烤 3 分鐘。若厚度超過 2.5 公分，需要再烤久一點；若少於 2.5 公分，時間就短一點。最後搭配圓麵包端上桌，也可以放上你喜歡的任何配料。

肉不要絞過頭。

自己做絞肉 用機器間歇攪打，可以避免絞打過頭，打成剛開始要黏結在一起即可。

捏成漢堡排 捏成肉餅時，只要剛好捏製成形即可，用大拇指稍微推成圓形。如果太用力壓捏，會太硬。

極簡小訣竅

▶ 任何部位的全瘦絞肉烤起來都既乾又粗硬。無論你是不是自己做絞肉，都請選擇含有適量脂肪的肉。應該要能夠看到脂肪。

▶ 靠信心來調味。一開始大方撒一把鹽和胡椒，並嘗嘗味道，需要的話再多加一點。試吃的方法是舀出一點肉放進煎鍋煎熟來嘗。

變化作法

▶ **煎漢堡排：**捏成肉餅後，依照本書 13 頁「烤牛排」的指示。

▶ **其他種類的肉餅：**試著用豬肉、羊肉、火雞、雞肉（請加入雞皮）甚至海鮮來取代牛肉。火雞、雞肉和海鮮要煎烤到內部完全沒有粉紅色，但又不能變成灰色且乾硬。

▶ **調味漢堡排：**拌入切碎的新鮮香料植物，如迷迭香、鼠尾草或羅勒。也可加入辛香料，如咖哩粉、辣椒粉或孜然粉。或試著加一點醬油、渥斯特黑醋醬或塔巴斯克辣椒醬。

延伸學習

用力捏壓肉餅會把美味的肉汁擠出來，千萬不要這麼做！

漢堡排翻面 等底部烤成褐色，且表面烤出硬殼，就很容易移動了。不要一直撥動漢堡排。

加上乳酪 漢堡排翻面後，把乳酪堆在表面上，烤爐的熱度會讓乳酪漸漸融化。

羅勒辣椒炒牛肉

Stir-Fried Beef with Basil and Chiles

時間：15 分鐘（外加冷凍牛肉和浸泡滷汁的時間）

分量：4~6 人份

這道菜是受到泰式料理的啟發，絕對會讓你愛上熱炒。

- 大約 700 克的側腹、沙朗或紐約客牛排
- 1 杯放得鬆鬆的新鮮羅勒葉
- 1 茶匙加 1 大匙蔬菜油
- 1½ 大匙大蒜末，可依喜好多加
- 鹽
- ¼ 茶匙乾辣椒碎片，隨口味決定加不加
- 1 大匙醬油
- ½ 顆萊姆汁
- ½ 杯切碎的花生，非必要

1. 肉放入冷凍庫冰凍 15~30 分鐘。此時檢查羅勒，如果葉片很大，可以稍微切碎。

2. 等肉變硬，沿著與肉質紋理垂直的方向切片，盡可能切得越薄越好，然後再把薄片切成細絲，長度不要超過 7.5 公分。牛肉、羅勒和 1 茶匙蔬菜油放入碗中混合，然後密封冷藏約 30 分鐘，讓羅勒的風味滲進牛肉。如果沒有時間醃牛肉，只要把牛肉和羅勒混合在一起就好，不必加蔬菜油。

3. 把大型平底煎鍋放到爐火上，開大火，約 3~4 分鐘後轉中火，放入剩餘的 1 大匙油。傾斜搖晃鍋子，讓油覆滿整個鍋面，然後加入大蒜，攪拌一、兩次。大蒜一變色（約 10~15 秒之後）就轉大火，放入，再撒一點鹽和乾辣椒碎片。

4. 稍加拌炒即可，直到牛肉不再帶有紅色，約 1~2 分鐘。加入 2 大匙水，再加入醬油和萊姆汁，攪拌一下產生一點醬汁。如果鍋裡的水分收乾，可再加 1~2 大匙水煮一下。熄火，以切碎的花生裝飾（視喜好）即可上桌。

沿著肉質紋理的垂直方向切片，必然會比順著紋理切片產生更柔嫩的口感。

切斷肉質紋理 仔細看牛肉，會看到許多淡淡的平行線條沿著一個方向越過肉面。切的時候與這個方向垂直，不要沿著平行方向切。

讓油在鍋面流動 這樣可讓油快速且均勻受熱。這時即使把火關掉，煎鍋的溫度依舊很高。

極簡小訣竅

▶ 任何肉類冷凍 15~30 分鐘，會變得比較容易切成薄片。

▶ 最常搭配這道料理的是白飯或糙米飯，不過也可以和亞洲麵拌在一起。瀝乾麵條時，保留一點煮麵水或浸泡水。麵條下鍋與牛肉輕拌時，可用保留下來的煮麵水增加濕潤度。

變化作法

▶ **牛肉炒蔬菜**：把適量的燈籠椒、胡蘿蔔或芹菜切成薄片，分量差不多是 3 杯。煎鍋內燒熱 2 大匙油，然後炒蔬菜，直到炒出鮮亮色澤，但還保有清脆口感，約 2~3 分鐘。把蔬菜倒出來，接著換步驟 1 繼續進行。上菜前，再把蔬菜倒回鍋內與牛肉一起拌炒，直到加熱完全。

延伸學習

要確定把牛肉炒成褐色，就稍加翻炒，只要到牛肉不會燒焦的程度就行。

放入牛肉 大蒜一開始變色，便可放入牛肉。如果等太久，大蒜會燒焦。

烤牛肉
沙威瑪

Grilled or Broiled Beef Kebabs

時間：45 分鐘

分量：4~6 人份

串燒有種嘉年華氣氛，也是燒烤的聰明方法。

- 3 大匙橄欖油
- 2 大匙新鮮檸檬汁
- 1 大匙巴薩米克醋
- 1 大匙大蒜末
- 1 大匙切碎的新鮮百里香葉，或 1 茶匙乾燥的百里香
- 鹽和新鮮現磨的黑胡椒
- 450 克鈕扣菇
- 2 顆大型洋蔥，切成四等分
- 700 克沙朗牛排或肉塊，切成 5 公分的肉塊
- 2 大匙切碎的新鮮歐芹葉，裝飾用

1. 你會需要 16~24 支烤肉叉。如果你的烤肉叉是木頭製或竹製，先泡入溫水，再去準備其他材料。準備一個燒烤爐做間接燒烤，因此燒烤爐裡有一半的空間放了燒熱的炭火，另一半則什麼都不放。也可以打開炙烤爐，熱度應為中大火，金屬架距離熱源約 10 公分。

2. 橄欖油、檸檬汁、巴薩米克醋、大蒜、百里香、一撮鹽和胡椒攪放入小碗拌勻。將肉和蔬菜分開串好，每一串用 2 支烤肉叉並排串起，用調好的滷汁刷遍烤肉叉上的所有食材。

3. 串好的食材放到燒烤爐上高熱的一邊，或放在炙烤爐下方的帶邊淺烤盤上。牛肉熟得較快，稍微烤一下，等到很容易在燒烤爐或炙烤盤上移動，就可以翻面，直到四面都烤成褐色為止，每一面約烤 1~3 分鐘。為了避免烤過頭，烤 5 分鐘後可以把其中一塊肉切開，檢查熟度。最好是裡面呈現粉紅色，而外側很酥脆。這樣即可裝盤。

4. 烤肉的同時，也要注意蔬菜串，別烤焦了。每隔幾分鐘就刷上一點滷汁，並移到燒烤爐上或炙烤爐裡溫度較低的一側，以免烤焦。繼續烤蔬菜串，記得翻面，視需要移動一下，直到蔬菜開始變成褐色且變軟，約 10~15 分鐘。烤好裝盤，與牛肉放在一起。等所有的串燒都烤好，用歐芹裝飾即可上桌。

比起金屬烤肉叉，食物在木叉子上比較不會滑動。

串肉塊　每一串沙威瑪用 2 支烤肉叉串起，這樣比較費工，但是等一下比較好操作，烤起來也比較均勻。食材與食材間留一點空隙。

極簡小訣竅

▶ 如果預算充足，也可用腓力取代沙朗，風味比較溫和，口感也比較軟嫩。

▶ 食材可事先串好冷藏。為了烤出最佳效果，燒烤前請先拿出來回復到室溫。

變化作法

▶ **其他蔬菜：** 切塊的番茄、茄子和燈籠椒都很受歡迎。也可以有新奇的嘗試，如串甘藍菜切塊、櫻桃蘿蔔或整條小辣椒。

▶ **其他肉類：** 羊肩肉、豬肩肉，這兩種肉很軟嫩，而且帶有脂肪，風味極佳。羊腿肉和豬小里肌肉比較瘦，烤過頭會變得很乾，一烤到內部呈現粉紅色就要停下。

▶ **魚肉串燒：** 將魚肉切成大塊，寬度至少要 5 公分。可用任何一種魚排，如鮭魚、劍旗魚或大比目魚，蝦子或干貝也可以。這些食材要烤熟很快，3~5 分鐘就會完全烤熟。

延伸學習

串蔬菜 我喜歡把不同的食材分別串在不同的烤肉叉上，但如果有些食材烤熟的時間差不多，也可以混串在同一支。

轉動烤肉叉 夾住最結實、最大的那一塊，稍微抬起一點，然後轉動翻面。

完美烤牛肉

Perfect Roast Beef

時間：1½ 小時（多數時間無需看顧）
分量：6~8 人份

用頂級肋眼，這樣剛好每個人都有一片。

- 1 塊帶骨的肋眼牛肉塊（2,250~2,700 克重）
- 2 瓣大蒜，非必要
- 鹽和新鮮現磨的黑胡椒
- 2 杯牛高湯或雞高湯、紅酒，或水

1. 烹煮的 1 小時前從冰箱拿出肉，回復到室溫。

2. 烤箱預熱到 230℃。肉塊的骨頭朝下，放在烤肉盤上。如果要用大蒜，把大蒜瓣切小片，然後用削皮小刀在肉塊上戳幾個小洞，把大蒜塞進去。肉塊上面大方撒上鹽和胡椒。

3. 肉塊進烤箱烤 15 分鐘，不要撥動。接著把溫度降低到 170℃，繼續烘烤 1 小時。把快速測溫的溫度計多插進幾個地方，抽查各部位的烘烤情況。測到的溫度最好比你想要的最終溫度（如三分熟是 52℃）低 3~6℃。每隔 5 分鐘檢查一次，注意千萬不要讓肉的溫度超過 68℃。

4. 烤盤拿出烤箱，小心用 2 支叉子盛盤靜置。烤盤上的油脂只保留幾大匙，其餘倒掉。把烤盤橫放在兩個瓦斯爐口上，開中大火，倒入高湯煮，邊攪拌，邊把烤盤底部的褐渣全部刮起，煮到湯汁收乾一半，約 5~10 分鐘。

5. 靜置好的肉放到砧板上，把盤子裡累積的肉汁倒入剛才熬煮的醬汁。肉與骨頭切開，肉塊橫剖成厚片或薄片皆可。上桌前，淋一點醬汁到烤牛肉上，其餘醬汁盛好上桌供大家取用。

以調味料按摩肉塊 調味料豪邁地多加一點，然後認真按摩，讓肉塊吸收調味料，不用大蒜時尤其要如此。

使用溫度計 大多數溫度計的測溫區距離尖端約幾公釐，謹記這點並對準目標，小心避開脂肪和骨頭，那樣會測不準。

切開帶骨的肉塊 運用前後拉鋸的動作，讓刀面平貼著骨頭，把肉塊切下來。接著沿著與肉質紋理垂直的方向，依照喜好的厚度，把肉塊切成一片片。

極簡小訣竅

▶ 想烤出非常酥脆的外表，在最後階段把火力轉到 230℃，烤幾分鐘。這樣對內部溫度沒有太大的影響，但會讓你得到很棒的焦酥脆外層。

▶ 如果用了這種高級肉塊，最好能早一點並經常查看熟度，以免烤過頭。如果沒有溫度計，可以在側邊切道小口，時時查看內部狀況。亮紅色的肉汁也是另一個線索，表示內部還是生的。

▶ 肉塊放入烤箱後，可以另外準備一批烤馬鈴薯、蒸一把蘆筍等等，這樣你就有很棒的一餐，而且一點也不會手忙腳亂。

變化作法

▶ **經濟實惠的完美烤牛肉：**不買頂級肋眼，改用去骨的牛臀肉塊，重量約 1,800~2,250 克。照食譜進行到步驟 **2**，到了步驟 **3**，烘烤 40 分鐘後開始查看熟度。

延伸學習

純自製辣肉醬

Chili from Scratch

時間：2~3 小時（多數時間無需看顧）

分量：6~8 人份

重口味的人氣料理。為了煮快一點，可以用豆類罐頭。

- 3 大匙蔬菜油
- 450 克牛絞肉、豬絞肉或綜合
- 鹽和新鮮現磨的黑胡椒
- 1 顆大洋蔥，切小塊
- 1 大匙大蒜末
- 2 茶匙辣椒粉
- 1 茶匙孜然粉
- 1 大匙切碎的新鮮奧勒岡葉，或 1 茶匙乾燥的奧勒岡
- 2 杯切小塊的番茄（罐頭的切塊番茄也可以，無需瀝乾）
- 1~2 條會辣的新鮮辣椒或乾辣椒，去籽切碎
- 450 克乾的黑白斑豆或腎豆，洗淨挑揀，可先浸泡
- ½ 杯切碎的新鮮胡荽葉，裝飾用

1. 油倒入大湯鍋，開中大火，等油燒熱，放入絞肉，並撒一點鹽和胡椒。調整火力，使鍋內的食材穩定地滋滋作響，不時拌炒，把絞肉撥開，直到肉全部炒成褐色，約 5~10 分鐘。

2. 加入洋蔥，偶爾拌炒，直到洋蔥軟化且變成金色，約 3~5 分鐘。加入大蒜、辣椒粉、孜然粉和奧勒岡葉，不斷拌炒，直到混合物開始散發出香氣，這只需要 1 分鐘。

3. 番茄、辣椒和豆子放入湯鍋，加入適量的水，蓋過所有材料約 5~7.5 公分高。煮滾後，火轉小，使水平穩冒泡，但不致太劇烈，再蓋上鍋蓋，不要攪拌，煮 30 分鐘。接下來每隔 20 分鐘左右攪拌一下，並調整火力，使水繼續溫和冒泡。如果辣肉醬開始黏鍋，多加一點水，每一次加入 ½ 杯。

4. 等豆子開始變軟（約 30 分鐘到 1 小時，視豆子種類、是否泡過水而定），撒一點鹽和胡椒。繼續煮，偶爾攪拌，如果鍋子裡看起來太乾就加點水，直到豆子相當軟，但外形還完整。這段時間與煮到剛開始變軟的時間差不多。等到豆子已煮到非常軟，嘗嘗味道並調味，以胡荽裝飾即可上桌。

準備辣椒　握住莖，用削皮小刀切下薄片，與內核及種籽分開。翻面，同樣的方法再切一次。要切碎時，用主廚刀鍘切。

試吃一點，判斷到底有多辣。種籽最辣，可視喜好決定是否保留。

炒成褐色　把絞肉炒到變酥，且洋蔥開始變色，這樣會產生更豐富的風味，相當不錯。

煮到這個時候，要多攪拌一下，以免燒焦。

加入液體 可以用目測決定水量，不必擔心精不精確，只要一開始讓水蓋過豆子 5~6 公分高，就沒有問題。

煮到濃稠 如果豆子已經煮熟，而辣肉醬還有一點稀，則把鍋蓋拿開，火力轉大，把湯汁收乾一點。太濃稠就多加一點水。

極簡小訣竅

▶ 處理辣椒時，千萬不要用手摸眼睛或其他敏感部位，處理完之後也要用溫水和肥皂把手洗淨，洗 2 次更好。很薄的橡膠手套讓你即使戴著也可以安全使用刀子，不妨考慮戴上手套。

變化作法

▶ **豆類罐頭辣肉醬：**烹煮時間可縮短到 35 分鐘左右，且很容易調整作法。瀝乾罐頭豆並洗淨，大約有 4 杯的量（2 個 450 克罐頭）。步驟 3 用罐頭豆取代乾豆放入湯鍋，一點水都不要加，煮滾後，火轉小，使之微微冒泡，加蓋煮一下，偶爾攪拌，直到變濃稠，約 20 分鐘。再接著步驟 4 繼續進行。

▶ **同樣適合的豆子：**不妨嘗試用黑豆、白豆、鷹嘴豆，或甚至小扁豆。特別是小扁豆，放入湯鍋內 30 分鐘後就可以煮好。

▶ **大塊辣肉醬：**不用牛絞肉，改用豬上肩肉（梅花肉）或牛肩胛肉，切成 2.5 公分的塊狀。步驟 1 把肉塊炒到每一面都變成褐色，再接著後續步驟。

延伸學習

紅酒燉牛肉

Braised Beef with Red Wine

時間：2½~4 小時（多數時間無需看顧）
分量：4 人份

法式料理。要有耐心，肉煮到幾乎散開才算完成。

- 2 大匙橄欖油
- 700 克無骨牛肩胛肉，切成 5 公分塊狀
- 鹽和新鮮現磨的黑胡椒
- 2 顆洋蔥，切小塊
- 1 根大型的或 2 根中型的胡蘿蔔，切小塊
- 1 根芹菜莖，切小塊
- ½ 杯紅酒，可視需要多加
- ½ 杯雞高湯、牛高湯或蔬菜高湯，水也可以，可視需要多加
- ¼ 杯切碎的新鮮歐芹葉，裝飾用

1. 烤箱預熱到 120℃。油倒入大湯鍋，開中大火，等油燒熱，放入一些肉，分批煎以免太擠，再撒一點鹽和胡椒。煎到肉塊的每一面都變成褐色，隨時調整火力，可翻動一下肉塊，以免燒焦，每一批約 10 分鐘。肉塊煎成褐色後，移到盤子備用。重複同樣步驟，把所有肉塊都煎成褐色。

2. 留下 3 大匙左右所煎出的油，其他倒掉。接著轉中火，放入洋蔥、胡蘿蔔和芹菜，撒點鹽和胡椒，拌炒到蔬菜開始變軟，約 5~10 分鐘。

3. 倒入紅酒和高湯攪拌，把黏在鍋底的褐渣全都刮起來，然後加入煎好的肉塊。煨燉的湯汁應該要有肉塊的一半高度，如果沒有，多加一點液體。火力轉大，煮滾後火轉小，使其微微冒泡。蓋上鍋蓋，整鍋進烤箱加熱，每隔 45 分鐘攪拌一下，需要的話加入一點液體，讓肉塊有一半浸在湯汁裡，就這樣煮到肉變軟，至少要 1½ 小時，甚至可能要到 2 小時。

4. 這時每隔 15 分鐘查看肉的狀況，假如湯鍋內太乾，每次可加 1 湯匙左右的液體。等到牛肉煮得非常軟嫩幾乎要散開，就表示燉牛肉完成，約 30 分鐘。嘗嘗味道並調味，最後用歐芹裝飾即可上桌。

切好燉肉塊 我比較喜歡自己切，但你可以購買已經切好的肉。肉塊不應該小於 5 公分。這是一道豐盛的料理。

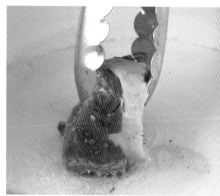

測試油溫 取一塊肉的一角沒入油裡，如果沒有大聲滋滋響，就要再等久一點點。

極簡小訣竅

▶ 燉肉煮好時，如果鍋裡的水分太多，可用有孔漏勺把料先舀進大碗裡，然後開大火，把鍋裡的醬汁煮得再濃稠一點，最後把醬汁舀進碗裡。

▶ 燉煮料理隔天會更好吃。等料理稍微放涼，就加蓋進冰箱冷藏，最多可保存數天，冷凍則可保存數月。油脂會在表面結塊，很容易去除。重新加熱時，要記得蓋上鍋蓋慢慢加熱，才不會燒焦。

變化作法

▶ **簡易燉牛肉**：如果沒有時間，我會毫不猶豫用這個方法，風味也許略遜，但還是很美味。跳過步驟 1、2，直接把生肉和其他材料（歐芹除外）全放進湯鍋，再從食譜的步驟 3 開始繼續進行。

▶ **其他肉類部位**：整塊或切塊的牛胸肉、牛肩肉或牛前肘肉塊、牛小排、羊腱或牛腱，甚至牛尾也可以。如果用帶骨的肉塊，4人份請準備 1,350~1,800 克。

▶ **其他蔬菜**，單一或綜合皆可：切小塊的小茴香，或切塊的歐洲防風草塊根、蕪菁、蕪菁甘藍或芹菜根，總量約 4 杯。

延伸學習

分批煎熟　為了避免鍋內太擠，肉塊要輪流放進鍋裡煎熟。煎成褐色的先夾起來，再把生肉放進去。

如果鍋子裡看起來太乾，要多加一點液體，讓液體表面升高。

查看熟度和湯汁狀況　每次打開鍋蓋，都要確定肉塊沒有高高露出液體表面而顯得太乾。

燜燉牛肉 配馬鈴薯

Pot Roast with Potatoes

時間：2½~4 小時（多數時間無需看顧）

分量：6~8 人份

柔嫩的切片牛肉和大量美味蔬菜，可以同時煮好。

- 1 瓣大蒜，剝皮
- 1 塊無骨的牛肩胛肉或臀肉塊（1,350~1,800 克）
- 2 片月桂葉
- 鹽和新鮮現磨的黑胡椒
- 2 大匙橄欖油
- 2 顆大型洋蔥，切小塊
- 2 根大型或 3 根中型胡蘿蔔，切片
- 2 根芹菜莖，切片
- ½ 杯紅酒或水
- 2 杯牛高湯、雞高湯、蔬菜高湯或水，可視需要多加
- 450 克小型的蠟質紅馬鈴薯或白馬鈴薯，刷洗乾淨並剖半

1. 大蒜瓣切薄片，然後用削皮小刀在牛肉上戳一些小洞，把大蒜塞進去。月桂葉盡可能撕到最碎，與鹽和胡椒混合，再塗抹到整塊肉上。

2. 油倒入大湯鍋，開中大火，等油燒熱，放入肉塊煎煮，同時調整火力，視需要幫肉塊翻面，以免煎焦，直到肉塊的每一面都煎成漂亮的褐色，約 20 分鐘。煎好之後把牛肉移到盤子上。

3. 洋蔥、胡蘿蔔和芹菜放入湯鍋，轉中大火，拌炒到蔬菜變軟且略呈褐色，約 5~10 分鐘。加入紅酒加熱、攪拌，並把黏在鍋底所有褐渣刮起來。繼續煮，直到酒精差不多都蒸發掉，約 5~10 分鐘。加入 ½ 杯高湯，並把肉塊和盤子上釋出的肉汁都倒回鍋裡，煮滾後，火轉小，讓湯汁微微冒泡，然後蓋上鍋蓋。

4. 繼續燉煮，每隔 30 分鐘幫肉塊翻面，直到牛肉燉得夠軟，用叉子可輕易撥開為止，約 1½~3 小時，端看你用的肉塊厚度和火力大小而定。小心別煮過頭，否則牛肉會又硬又老。如果鍋裡看起來太乾，可加一點高湯或水，每一次加入 ¼ 杯。

5. 烤箱預熱到 90℃。肉塊移到烤盤裡，用鋁箔紙鬆鬆包住，進烤箱保溫。剩餘湯汁表面的油脂撈起來，再放入馬鈴薯，湯汁應該會浸泡到馬鈴薯一半的高度，如果沒有，則多加一點高湯或水。蓋上鍋蓋，以中大火煮一下，偶爾攪拌，並刮起黏在鍋底的褐渣，直到馬鈴薯煮軟，用刀子很容易就刺入，且湯汁呈現略微稀薄的肉汁稠度，約 10~20 分鐘。嘗嘗味道並調味。沿著與肉質紋理垂直的方向將肉塊切片，最後搭配馬鈴薯和醬汁上桌。

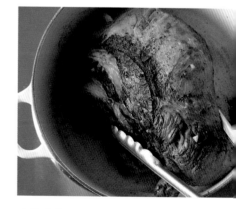

肉塊先煎成褐色 以熱油把調味過的肉塊煎成褐色，一次煎一面。每一面都煎到不再黏鍋、很容易移動，即可翻面，注意調整火力，使肉塊不至於煎焦。

極簡小訣竅

▶ 小火燉煮是重要關鍵,可讓燜燉牛肉保持軟嫩。燉煮的時間約 2~3 小時,但是非常厚的肉塊也許要到 4 小時,過程中隨時查看,需要的話多加點液體。一旦煮到脂肪分離,肉就會變乾(即使肉汁夠多也無法彌補),所以牛肉一煮到完全變軟,就不要再繼續煮。

變化作法

▶ **其他肉塊部位**:牛胸肉、牛小排、前腿牛腱或牛頰肉。豬肩肉也可以,帶骨亦可,且要用雞高湯,不要用牛高湯。肉塊越厚或帶骨,燉煮的時間就越長。

▶ **番茄迷迭香燜燉牛肉**:在步驟 1,塗抹肉塊的調味醬汁加入 1 大匙切碎的新鮮迷迭香葉。而在步驟 3,不用胡蘿蔔和芹菜,改加 1 個 780 克的切塊番茄罐頭(不需要瀝乾)和 3 瓣完整的大蒜瓣,放入洋蔥時也再加 2 枝新鮮的迷迭香。只用 1 杯高湯就好,一開始先加入 ½ 杯,也不要放馬鈴薯。最後上菜時,搭配一些厚切且烤過的義式麵包。

延伸學習

查看肉塊狀況 不要離開燉鍋太久。每小時幫肉塊翻面兩次,讓每一面都充分浸在湯汁裡燉煮過。

燉煮馬鈴薯 馬鈴薯所含的澱粉可讓醬汁變得濃稠。如果湯汁太少,到最後醬汁會幾乎煮乾,湯汁太多又會顯得太稀薄。

肉塊切片 肉塊放在砧板上,切片方向與肉質紋理垂直。若要切成軟嫩的薄片,可以讓刀子前後拉切。

肉餅 / 肉丸

Meat Loaf (or Meatballs)

時間：45 分鐘到 1¼ 小時（多數時間無需看顧）

分量：6~8 人份

絕對是最棒的，超級美味，而且永遠多汁。

· 1 大匙橄欖油，非必要
· ½ 杯麵包粉，最好是新鮮的
· ½ 杯牛奶
· 450 克牛絞肉
· 450 克豬絞肉
· 1 顆蛋，稍微打散
· ½ 杯新鮮現刨的帕瑪乳酪
· ¼ 杯切碎的新鮮歐芹葉
· 1 茶匙大蒜末
· ½ 顆洋蔥，切小塊
· 1 茶匙切碎的新鮮鼠尾草葉，或一小撮乾燥的鼠尾草
· 鹽和新鮮現磨的黑胡椒
· 4 片培根，非必要

1. 烤箱預熱到 170℃。帶邊淺烤盤或烤肉盤塗上橄欖油。牛奶倒進大碗，麵包粉浸入牛奶，直到充分吸飽牛奶，約 5 分鐘。

2. 肉、蛋、帕瑪乳酪、歐芹、大蒜、洋蔥、鼠尾草、一點鹽和胡椒放入大碗，用雙手或橡皮刮刀把所有材料輕輕包進肉裡。只要讓所有芳香食材均勻分布在絞肉裡就好，不要攪拌過度，否則口感會變得粗硬。

3. 製成肉餅：肉放到準備好的淺烤盤上，輕輕捏成一大團橢圓形。如果想放培根，把培根蓋在肉團上。烘焙 45~60 分鐘，不時把流到烤盤上的肉汁塗抹回去。烤好後，肉餅會變成淡褐色，且扎實成形。若要查看熟度，拿一根快速測溫的溫度計插進中央部位，約在 71℃左右。讓肉餅靜置 5 分鐘，再用鋸齒刀切片。

製成肉丸：把步驟 **2** 捏成一顆顆球形，任何大小都行，然後放到準備好的淺烤盤上。肉丸稍微相接沒關係，因為烤時會縮小。估計 5 公分大小的肉丸要烤 25~35 分鐘，肉丸每增大 2.5 公分，時間就再增加 10~15 分鐘。

比起放在烤模裡，自由捏塑的肉餅會烤得更酥脆美味。

拌絞肉的關鍵 簡單混合就好，如果攪拌過頭，最後會變得又粗又硬。

捏製成形 想辦法堆到至少 7.5 公分高，最後才能切出漂亮的一大片。

極簡小訣竅

▶ 麵包粉浸泡在牛奶裡，看似奇怪，不過真的很有用。麵包粉吸飽了牛奶，最後讓牛奶均勻散布到整個肉餅中，讓肉餅保持多汁。

變化作法

▶ **其他肉類**：小牛肉、羊肉、豬肉、火雞肉和雞肉，全都可以作為很棒的絞肉基礎。雞肉和火雞肉的脂肪很少，絕對要鋪上培根烤。

▶ **煎煮肉丸**：比較費工，不過外表會變得超級酥脆美味。大型平底煎鍋開中火加熱 2 大匙橄欖油，然後放入一些肉丸，小心不要讓鍋子裡太擠。底部煎熟可以移動後，把每一面都煎成褐色，就可移到紙巾上吸乾多餘的油。

▶ **肉丸義大利麵**：肉丸煎好，放到一鍋溫和冒泡的番茄醬汁裡，同時間把義大利麵條放入水裡煮滾。麵煮好撈起裝盤，再加入肉丸番茄醬即成。

延伸學習

以恰到好處的力道捏製成形，不要用力擠壓。

以培根裹住肉餅 放上培根切片，把肉餅包起，多餘的兩端塞到肉餅下面。若想烤出超級酥脆的培根，可把烤好的肉餅再用炙烤爐烤幾分鐘。

製作肉丸 肉丸越大，烘焙時間就越長。

豬肉的基本知識

選購豬肉

我在〈選購肉類〉單元提出的所有建議,都可以應用於豬肉,不過還有一件事值得討論:油脂。以前豬肉的脂肪超級多,但如今你在超市看到的豬肉都很瘦,吃起來比較像雞肉。幸好脂肪有東山再起的跡象,最好的肉品都會有油花,外側也會有完整的一長條脂肪。那些都是美味的象徵,通常也顯示這隻豬是以比較傳統的方式飼養。

豬絞肉和香腸

如同牛肉,我也經常自己做豬絞肉,但是從超市購買已經絞好的肉(或向品質優良的小肉販購買)也是不錯的替代方案。絞肉應該要有足夠的脂肪,烹煮後才能保持多汁。你可以用豬絞肉做漢堡排、肉丸、肉餅、圓餅香腸或炒肉。從商店買來的香腸應該也有相當的脂肪,含量依店家而定,從很棒到可怕都有,所以一旦找到你喜歡且能信任的店家,就不要輕易換。肉品應該要灌到天然的腸膜裡(你可能得主動詢問商家),而且看起來是粉紅色,不是褐色。透過外膜,應該要能看到小團的白色脂肪和一些調味材料。

這樣熟了沒?

吃豬肉通常不會像牛肉或羊肉一樣帶生,不過我喜歡讓豬排和豬肉塊還帶有一點粉紅,且內部富含肉汁,而不是煮得又灰又乾。烹調時如同牛肉,要隨時查看熟度,然後比你想要的熟度早一個階段離火(約低 3℃),靜置幾分鐘後再上桌。

最令人垂涎　　　　　　　　　　　　　　　　　　　　　可能太乾

三分熟　63℃
中心為淺粉紅色。

五分熟　66℃
略呈粉紅色,但還有肉汁。

全熟　71℃
一點粉紅色都沒有。

無骨腰肉塊

帶骨豬排

無骨肩肉

常見豬肉部位的烹調法

烘烤

大肉塊，大部分脂肪包圍在外側：

腰肉塊（里肌）

腰內肉（小里肌）

腿肉塊

腰脊肉塊

燒烤、炙烤和煎煮

小肉塊，大部分脂肪包圍在外側：

豬里肌排骨（所有種類）

肉片（取自里肌、肩肉或腰脊肉）

腿肉排

培根切片

香腸

豬絞肉

適合煨燉或慢烤法

脂肪豐厚的「燉肉」，整塊或切小塊：

肩肉

上肩肉（梅花肉）

肋排或小排

豬腱

豬腳

青菜炒豬肉

Pork Stir-Fry with Greens

時間：15 分鐘（外加冷凍肉品的時間）
分量：4 人份

遠比任何外帶食物都美味，甚至快多
了。

· 450 克無骨肩肉
· 450 克青菜（如青江菜或芥菜）
· 2 大匙蔬菜油
· 1½ 大匙大蒜末
· 2 大匙醬油
· ½ 顆萊姆汁
· ¼ 杯高湯或水，非必要
· ½ 杯切碎的青蔥，裝飾用

1. 豬肉冷凍約 15~30 分鐘，稍微凍硬時，沿著與肉質紋理垂直的方向切片，切得越薄越好，接著再把薄片切成容易入口的大小。青菜洗淨，需要的話切除粗硬的部分，再大略切數段。

2. 開大火，加熱大型平底煎鍋，直到熱氣開始冒出。放入 1 大匙蔬菜油，傾斜搖晃鍋子，讓油均勻布滿鍋面，然後放入所有豬肉。不時翻炒，直到豬肉變成褐色，且粉紅色全部消失，約 2~3 分鐘。用有孔漏勺把豬肉移到碗裡，轉中火。

3. 將剩餘的蔬菜油放入煎鍋，先傾斜搖晃鍋子，讓油均勻布滿鍋面，再放入大蒜。拌炒一、兩次，大蒜一開始變色（約 10~15 秒）就轉為大火，放入青菜和 2 大匙水。拌炒到青菜縮水，約 2~3 分鐘或再久一點。

4. 把豬肉倒回煎鍋，拌炒 1 分鐘。加入醬油和萊姆汁，拌炒一下，熄火，嘗嘗味道，想要的話可多加點醬油。如果太乾，可以加入高湯煮滾。最後用青蔥裝飾即可上桌。

加一點水可以幫忙蒸煮青菜，使蔬菜變軟，特別是菜梗的部分。

煎燒豬肉 豬肉完全變成褐色就用有孔漏勺撈出來，把煎出的油脂留在鍋內。

加入青菜 青菜看起來很多，但很快就會自行縮水，不需要拌炒太多下。

收尾 起鍋前可能需要多加一湯匙的液體，以便產生多一點醬汁。

水田芥

羽衣甘藍（紅）

青江菜

莙薘菜（紅）

芥菜

綠葉甘藍

極簡小訣竅

▶ 任何青菜都可以用在這道食譜中，軟或結實的皆可。有些青菜的菜梗比較粗硬，我會把菜梗與菜葉分開切好，放入鍋中炒。不過這道料理我只把青菜切成小段，全部放進去炒，這樣可以同時吃到清脆和軟嫩的口感。

變化作法

▶ **8 種不錯的蔬菜選擇：**步驟 3 的烹煮時間請酌情增減，讓豬肉放回煎鍋時，蔬菜還有一點清脆。

1. 豆芽菜
2. 胡蘿蔔
3. 芹菜
4. 荷蘭豆
5. 甜豌豆
6. 四季豆
7. 蕪菁
8. 櫻桃蘿蔔

延伸學習

燈籠椒
炒香腸

Sausage and Peppers

時間：30~45 分鐘
分量：4 人份

與義大利麵拌在一起，或用外殼酥脆
的麵包夾著吃，一樣美味。

- 2 大匙橄欖油
- 450 克新鮮的義式香腸串，口味甜或
  辣皆可
- 1 顆大型洋蔥，剖半再切片
- 2 顆大型燈籠椒，任何顏色皆可，去
  核、去籽並切片
- 鹽和新鮮現磨的黑胡椒
- 4 個橢圓形的硬式麵包，縱向剖半，
  非必要

1. 油倒入大型平底煎鍋，開中火，等油燒熱，放入香腸，每一條香腸都用叉子戳幾個地方。煎一下，不時翻動，直到每一面都煎成漂亮的褐色，約 10~20 分鐘，依香腸的粗細而定。確定熟度最好的方法是切開其中一條，如果顯得很結實，而且流出來的肉汁是透明的，就表示煎熟了。香腸煎好就移到盤子裡。

2. 洋蔥和燈籠椒放入煎鍋，撒一點鹽和胡椒，翻炒到全部變軟且微帶褐色，約 10~15 分鐘。香腸放回煎鍋，一起完全加熱，約 1 分鐘。裝盤時把洋蔥和燈籠椒放在香腸上，喜歡的話可配點麵包。

如果你希望鍋裡有一點湯汁，可加入 1/2 杯水。若要更豐富的風味，也可以加入高湯、啤酒或葡萄酒，攪拌一下，直到湯汁有點濃稠為止。

上面這條香腸煎得非常棒。

維持形狀 用叉子在香腸上戳幾個洞，可讓一些肉汁在烹煮時流出來，香腸才不會爆開或噴油。

查看熟度 如果煎熟了，看起來應該很結實，肉汁也不再帶有粉紅色。把香腸從煎鍋裡移出，然後炒蔬菜。

料理收尾 等燈籠椒和洋蔥炒熟，把香腸倒回鍋子，完全加熱。

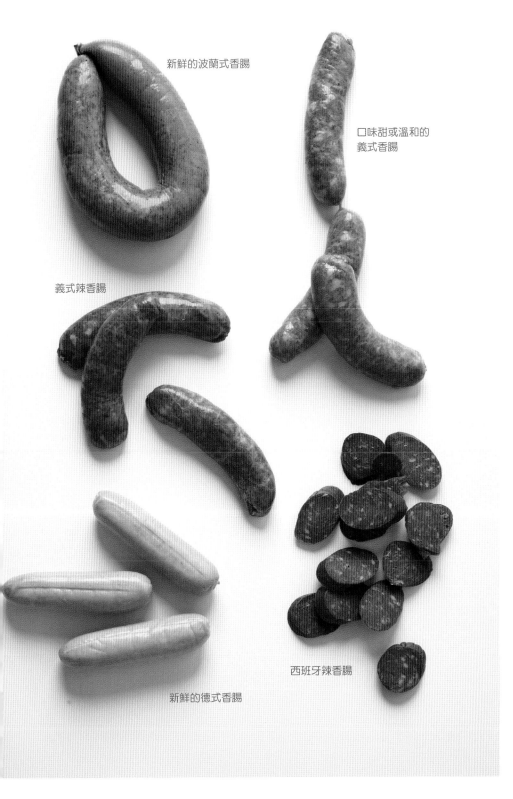

新鮮的波蘭式香腸

口味甜或溫和的
義式香腸

義式辣香腸

新鮮的德式香腸

西班牙辣香腸

◗ 香腸可分為三大類：新鮮的（如這道食譜用的）、煙燻或以其他方法預先煮熟的（如法式昂杜耶內臟腸、波蘭蒜味燻腸和酸味香腸），或醃製過的（像是義式薩拉米香腸和義式辣香腸）。香腸必須徹底風乾，吃起來才安全。有些香腸以多種方法製成，例如西班牙辣香腸是用醃製和煙燻，德式和波蘭式香腸有新鮮的、煙燻的或醃製的，要先確定你買到的是哪一種。

◗ 可先把香腸切小塊，再把所有食材與煮好的義大利麵或豆子拌在一起。

變化作法

◗ **其他香腸：** 這道食譜最習慣用的是義式香腸，不過絕對可以換用任何一種你喜歡的生香腸。如果是煙燻香腸，在步驟 1 只要把表面煎成褐色且加熱完全就可以了。

◗ **葡萄炒香腸：** 把洋蔥和燈籠椒換掉，改用 450 克無籽的紅葡萄或綠葡萄，並準備 1 大匙大蒜末。在步驟 2，把葡萄和大蒜放入煎鍋內，只要炒到大蒜變軟、葡萄裂開即可，約 2~3 分鐘，然後把香腸倒回煎鍋內完全加熱。

延伸學習

煎煮蘋果豬排

Skillet Pork Chops with Apples

時間：30 分鐘
分量：4 人份

豬肉、蘋果和洋蔥的組合既甜美又開胃，是最適合秋天的料理。

- 4 塊 2.5 公分厚的**豬排肉**，最好帶骨（每塊 180~240 克）
- 2 大匙橄欖油
- 鹽和新鮮現磨的黑胡椒
- ½ 杯干白酒或清淡啤酒
- 2 大匙切碎的紅蔥或紅洋蔥
- 3 顆中型蘋果，削皮、去核，剖半再切片
- 1 顆大型洋蔥，剖半再切片
- ½ 杯雞高湯或水，可視需要多加
- 1 大匙新鮮檸檬汁
- 1 大匙奶油
- 2 大匙切碎的新鮮歐芹葉，裝飾用

1. 用紙巾把豬排肉吸乾。用大型平底煎鍋，開中大火，放入橄欖油，等油燒熱，放入豬排，把火轉大，並撒點鹽和胡椒。等到底面煎成褐色，且很容易在鍋裡移動，就翻面，再次調味，然後再以同樣方式煎。每面約煎 2 分鐘，整塊約煎 3~5 分鐘。

2. 火力轉小成中火，並加入酒，倒入的時候要小心，酒一碰到熱油可能會噴濺出來。放入紅蔥煮一下，過程中幫豬排翻面一、兩次，直到酒幾乎蒸發，約 1~2 分鐘。 把豬排移到盤子裡，再將煎鍋放回爐火上。

3. 蘋果和洋蔥放入熱鍋，拌炒到開始黏鍋，約 1~2 分鐘。加入高湯，攪拌一下，並把黏在鍋底的褐渣全部刮起來。豬排倒回煎鍋內，盤子裡煮出的肉汁也一起倒入。煮滾後，火轉小，使之平穩冒泡，然後蓋上鍋蓋。

4. 煮一下，不時攪拌，並幫豬排翻面一、兩次，直到豬排變得很軟，約 5~10 分鐘。如果蘋果開始黏鍋，就多加 ½ 杯高湯或水。豬排煮好時，輕壓的感覺會很結實，流出的肉汁也只剩微微的粉紅色，切開時看到的第一眼會是玫瑰色，但短短幾秒就會變淡。煮到這個階段，蘋果和洋蔥也會變得很軟。加入檸檬汁和奶油拌勻，嘗嘗味道並調味。把醬汁淋在豬排上，用歐芹裝飾即可上桌。

食物放入煎鍋前先調味，只會讓你弄髒更多盤子和砧板。

簡單的調味法 在煮肉類、家禽肉、魚類或蔬菜時，可以邊煮邊撒鹽和胡椒調味，煮出來的風味不會有太大差異。

極簡小訣竅

▶ 豬排可分為三種，是從豬的不同部位切下來：肩膀、身體中央和腰脊部位。中央部位最瘦，也最不好吃。

▶ 帶骨豬排的風味比較豐富，煮出來也比無骨豬排香嫩多汁。

▶ 這裡介紹的煎燒 - 煮醬汁 - 熬煮技術（基本上算是快速煨燉法）非常適合用來煮豬排。煎成褐色可增添風味，醬汁也會讓豬排保持軟嫩多汁。這種煮法也很適合帶有一點脂肪的肉塊，以及煮久一點也不會乾掉的肉類，如香腸、帶骨雞肉塊，或無骨雞大腿肉。

變化作法

▶ 4 種「燜煮」豬排的變化方法：

1. 只用洋蔥。

2. 用燈籠椒或蘑菇與洋蔥搭配（總量 450 克）。

3. 用一個 780 克的切塊番茄罐頭（不必瀝乾）。

4. 用 3 杯德國酸菜（並用啤酒取代葡萄酒）。

延伸學習

煎燒豬排 等到豬排可以在煎鍋裡移動，應該就會煎成很漂亮的褐色，但又還沒熟透。

熬煮醬汁 蘋果和紅蔥先放入煎鍋，炒 1~2 分鐘之後再加入湯汁，這樣可以熬出更棒的色澤和風味。

加入奶油讓風味更濃郁 把豬排放回鍋內後，盡可能在蘋果醬汁內加入奶油攪拌。這樣做實在太香了，不要客氣，多加一點。

香料植物烤豬肉

Roast Pork with Herb Rub

時間：1½～2 小時（多數時間無需看顧）
分量：6~10 人份

你能做的任何烘烤料理中，這一道會得到最多好友的讚賞。

- 1 茶匙鹽
- ½ 茶匙新鮮現磨的黑胡椒
- 2 大匙切碎的新鮮香料植物，或 2 茶匙乾燥的香料植物
- 1 大匙糖
- 1 大匙大蒜末
- 1 塊無骨的豬腰肉塊（900~1,350 克）
- 1½ 杯干白酒、雞高湯或蔬菜高湯，或水，可視需要多加
- 2 大匙冷的奶油，切成數塊，非必要

1. 烤箱預熱到 230℃。鹽、胡椒、香料植物、糖和大蒜放進小碗裡混合，然後塗抹在整塊肉上。肉放到烤肉盤上，進烤箱，烘烤 15 分鐘，不要撥動。

2. 烤箱溫度降低到 160℃，把 ½ 杯白酒淋在肉塊上。繼續烘烤肉塊，每隔 15 分鐘查看一次，每次都倒 ¼ 杯的液體到烤盤底部。等到豬肉的表面已經有一點硬脆，每次查看烤肉狀況時，都把烤肉盤的湯汁刷到肉塊上。

3. 降低溫度的 1 小時之後，用快速測溫的溫度計量測肉塊。把溫度計插進肉塊中央，並從不同位置插入測試，多測幾次以確定得到準確的讀數。烤到三分熟就好了，這時的溫度會是 60℃。把烤肉移到盤子上放著（靜置過程中會再增加 3℃）。

4. 烤肉盤放到瓦斯爐的爐口上，開中大火。如果烤肉盤裡至少有 1 杯左右的湯汁，這樣剛好。假如烤肉盤幾乎要乾了，則加入 1 杯液體。把湯汁煮滾，並將烤盤底部所有褐渣都刮起來。等到醬汁收乾到約 ¾ 杯時，如果要加奶油，就在這時攪拌進去。

5. 肉塊橫剖切片，厚度隨你喜好，淋上醬汁即可上桌。

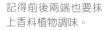
記得前後兩端也要抹上香料植物調味。

抹上香料植物　這有助於形成一層外殼，不僅作為肉的調味料，也可讓內部保持濕潤。

形成外殼　一開始的高熱可以幫助肉塊的外表變得乾硬酥脆。

極簡小訣竅

▶ 豬肉塊通常是從腰部切下的里肌肉。無骨的肉塊極為方便，但是變乾的速度會比帶骨的肉塊稍微快一點，所以最好找外側附有一層脂肪的肉塊，這樣肉塊在烘烤時比較能保持濕潤。

▶ 肉塊用繩子綁住很好。假如沒有繩子也不必擔心，一樣可以烤。

▶ 選用適合豬肉的香料植物，如迷迭香、歐芹、薄荷、百里香、奧勒岡或鼠尾草，或混合在一起使用，大蒜則是必備。

變化作法

▶ **烤豬小里肌肉：**小里肌肉會比里肌肉塊小一點，請準備 2 條。放到金屬架上的烤肉盤裡，用 230°C 烤 5 分鐘就好，接著以 160°C 烤 15~25 分鐘。經常查看熟度，因為這種肉比較瘦，只要一烤熟就會開始變乾。

延伸學習

塗刷醬汁　一旦把烤箱溫度降低，並加入白酒之後，就可以把烤肉盤裡的肉汁塗刷到肉塊上，這可以幫助外殼變厚，也能為肉塊調味。

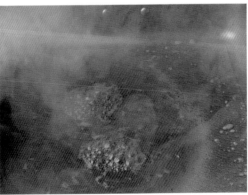

濃縮醬汁　要確定一開始烤肉盤裡有夠多的湯汁。每個人都喜歡醬汁，所以醬汁不要太少。

中式風味
燉豬肉

Pork Stew with Chinese Flavors

時間：2~3 小時（多數時間無需看顧）
分量：4 人份

比燉牛肉還簡單，而且真的非常美味。

- 900 克的無骨豬肩肉，切成 5 公分塊狀
- 3 杯雞高湯、牛高湯、蔬菜高湯或水
- 2 大匙醬油，可視需要多加
- 1 大匙黑芝麻油
- 3 條大型或 4 條中型胡蘿蔔，切大塊
- 2.5 公分長的生薑，沿橫向切成薄薄的硬幣狀
- 1~2 小條會辣的新鮮綠辣椒（如泰椒），切碎
- 10 瓣大蒜
- 鹽和新鮮現磨的黑胡椒
- ¼ 杯切碎的新鮮胡荽葉，裝飾用
- ¼ 杯切碎的青蔥，裝飾用

1. 豬肉、高湯、醬油、黑芝麻油、胡蘿蔔、生薑、辣椒、大蒜、一些鹽和胡椒全放進大湯鍋，煮滾，調整火力，使其平穩冒泡，但不要太劇烈。蓋上鍋蓋燉煮，每隔 30 分鐘攪拌一下，直到豬肉煮得非常軟，且看似即將散開，約 1½~2 小時。

2. 以有孔漏勺把豬肉和蔬菜撈到大碗裡，接著轉大火，繼續熬煮，直到湯汁稍微變得濃稠，且收乾成 1 杯或更少。湯汁的濃稠度最好像稀薄的肉汁。

3. 火轉小，讓湯汁溫和冒泡，然後把豬肉和蔬菜放回醬汁內重新加熱。嘗嘗味道並調味，喜歡的話可以多加點醬油，最後以胡荽和青蔥裝飾即可上桌。

調整成微微冒泡，然後蓋上鍋蓋。

要濃縮湯汁時，如果把豬肉留在鍋子裡，肉質會變得又硬又鬆。

跳過煎成褐色的過程　像這樣放了許多芳香食材的煨燉料理，就可以跳過煎燒的過程，只要同時把所有材料放進湯鍋就行了。

把豬肉和蔬菜移開　必然會有一些蔬菜留在醬汁內，不必在意。

極簡小訣竅

▶ 這道料理很適合配飯、拌蕎麥麵或拌米粉。夾在雞蛋麵包裡也很棒，就像邋遢喬漢堡（邋遢喬的特色是煮起來或吃起來都很邋遢，卻極為美味）。

▶ 如果想用其他肉類，可選用富含油脂的部位，如牛肩胛肉或牛胸肉，燉煮時間大約是 30 分鐘或再久一點。帶骨或無骨的雞大腿肉，約 30 分鐘或短一點。羊肩肉則是大約相同的時間。

變化作法

▶ 奧勒岡白酒燉豬肉：步驟 1 不要加醬油和芝麻油，另外把 1 杯高湯換成干白酒或紅酒，生薑換成 1 顆切小塊的洋蔥，辣椒換成 4 枝新鮮的奧勒岡。在步驟 3，把胡荽和青蔥換成 ¼ 杯切碎的新鮮歐芹葉。最後搭配水煮馬鈴薯或拌過奶油的麵條。

延伸學習

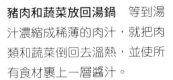

豬肉和蔬菜放回湯鍋 等到湯汁濃縮成稀薄的肉汁，就把肉類和蔬菜倒回去溫熱，並使所有食材裹上一層醬汁。

準備青蔥 前端和尾端都切修過之後，把外層的粗厚葉子去掉。切成任意長度的小段。如果要切得很碎，可像切香料植物那樣，讓刀子前後鍘切。

炭烤豬肋排

Barbecued Spareribs in the Oven

時間：2¼~4 小時（多數時間無需看顧）
分量：6~8 人份

酥脆、香黏又軟嫩，而且可以從這裡學到烤肉醬的製法。

- 2 塊中型的豬肋排（約 2,700 克）
- 鹽和新鮮現磨的黑胡椒
- 2 茶匙孜然粉
- 2 茶匙紅辣椒粉
- 2 杯番茄醬
- ½ 杯干紅酒或水
- ¼ 杯葡萄酒醋或米醋
- 1 大匙渥斯特黑醋醬
- 1 大匙辣椒粉
- 1 小顆洋蔥，切小塊
- 1 大匙大蒜末
- 辣醬，非必要

1. 烤箱預熱到 120℃。豬肋排放進大型帶邊淺烤盤或烤肉盤，每一面都撒一點鹽和胡椒，並搓揉按摩一下，接著進烤箱。

2. 烤肋排，每 30 分鐘翻面一次，直到大部分油脂都逼出來，肉開始變乾，約 2~3 小時，依油脂多寡而定。叉子能輕鬆戳進肉裡拉出來，就是烤好了，但這時還沒烤到骨肉分離。從烤箱裡拿出烤肉盤，再將烤箱開到 200℃。

3. 烤肋排的同時，做烤肉醬。孜然粉、紅辣椒粉、番茄醬、紅酒、醋、渥斯特黑醋醬、辣椒粉、洋蔥和大蒜放進小型醬汁鍋，開中大火，煮滾後，火轉小，使其溫和平穩冒泡。熬煮一下，不時攪拌，直到洋蔥變軟，所有風味融在一起，約 10~20 分鐘。嘗嘗味道，並加點鹽和胡椒調味，也可加點辣醬。接著醬汁鍋離火。

4. 舀出烤肉盤裡大部分的油脂，只留薄薄一層。等到肋排放涼可以處理，就從骨頭間隔處下刀切斷，切出一根根肋排，每面刷上大量的醬汁，放回烤盤鋪好，再進烤箱烤。每隔 5 分鐘翻面一次，直到變得酥脆且有些地方烤焦，約 15~20 分鐘。趁熱吃，也可放到常溫再吃，其餘醬汁可一起上桌。

千萬不要低估番茄醬的威力。

製作烤肉醬 煮好的時候你一定會知道，因為看起來非常像外面賣的瓶裝烤肉醬，但味道更美味。

辨識熟度 肋排烤到可以塗抹醬汁時，會有點酥脆，並釋出大量油脂。

極簡小訣竅

▶ 最好購買修整過的肋排（有時稱為聖路易肋排），可以放平，烤到超級酥脆，也容易切開。

▶ 每個人的分量大約是 450 克，少一點也沒關係，餐桌上還會有很多食物。這也能當派對上的點心。這道食譜可以做出 22~26 根肋排。

▶ 真正的烤肋排是用間接火源低溫慢烤，那需要好幾個小時的小心看顧。這種烤箱的烤法讓你全程都不會手忙腳亂（甚至可以在兩天前先烤起來），然後到上菜的最後一刻再塗上烤肉醬放進烤箱繼續烤，烤到內裡軟嫩、外側酥脆。

變化作法

▶ **炭烤豬小排**：使用豬小排，但把步驟 2 的烘烤時間縮短到 1~1½ 小時。

▶ **亞洲風味烤肉醬**：同樣用番茄醬當基底，但是把紅酒換成白酒或清酒，用米醋取代紅酒醋，並用醬油取代渥斯特黑醋醬。另外換掉辣椒粉，試試中式的五香粉。保留洋蔥、大蒜和辣醬，烤肉醬離火後，也加入 1 大匙黑芝麻油。

延伸學習

切開肋排　等肋排放涼到可以處理，從每一根肋排之間有肉的部位果決地切斷，這樣比較方便食用。

完成肋排　每一根肋排的每一面都刷上烤肉醬，等烤箱預熱到 200℃ 再放入肋排，烤到最後的酥脆狀態。

烤羊排

Oven-Seared Lamb Chops

時間：20~30 分鐘

分量：4 人份

用烤箱可以烤出完美羊排，省力又不會搞得一團亂。

· 1 瓣大蒜，非必要
· 900 克帶骨羊排（任何一種都好，至少 2.5 公分厚）
· 鹽和新鮮現磨的黑胡椒
· 2 顆檸檬，切成四等分，吃的時候附上

1. 打開廚房裡的抽風機，或打開窗戶。烤箱預熱到最高溫，理想是 260℃，然後把金屬架盡可能放在最低的位置，可以的話直接放在烤箱底部。把可以放入烤箱的大型煎鍋放在金屬架上，在烤箱裡加熱約 5~15 分鐘，端看烤箱火力而定。

2. 鍋子預熱時，如果要用大蒜，先剖半，塗抹在整塊肉上。小心取出預熱好的煎鍋，在鍋底盡情撒上一大把鹽，並盡可能放進最多的羊排，但不要太過擁擠，接著再進烤箱。

3. 烘烤羊排，直到底面烤成深褐色。羊排在煎鍋裡一變得容易移動，就表示可以翻面了，約 2~5 分鐘，端看羊排的厚度而定。將另一面烤成想要的熟度，約再烤 2~5 分鐘。2 分鐘之後就要開始查看熟度，用銳利的刀子切道小口查看內部。從煎鍋裡取出羊排，撒上胡椒，然後靜置至少 5 分鐘。如果分批烤，則把煎鍋裡的肉汁淋到烤好的羊排上，再以同樣步驟烘烤其餘的羊排。吃的時候附上檸檬。

我最喜歡用羊肩排，因為擁有最複雜的風味，口感顯然最好，也最便宜。

認識羊排 由上面順時針而下分別是羊腰排、羊肩排、羊肋排。

如果把大蒜放到煎鍋裡，而不是抹在肉上，會立刻燒焦。

加熱煎鍋 煎鍋和烤箱都會加熱到非常燙，請戴上很厚的烤箱用防燙手套，並且慢慢來。

極簡小訣竅

▶ 這道烤羊排可用肋排、腰排或肩排。肋排和腰排都有骨頭，並帶有少量脂肪，可以烤得相當軟嫩，最適當的熟度是一分熟到三分熟。這些肉都很小一塊，每個人要 2 塊以上。肋排最常見，帶有小塊的骨頭（很像把手）從末端伸出。還是一整塊時稱為「羊架」。可以的話，請買厚度包含 2 根肋骨的肋排，比較不會那麼快烤熟。羊腰排很像小型丁骨牛排，骨頭位於中央。從肩膀切下的羊排比較便宜，脂肪比較多，也包含比較多風味，最適合烤成五分熟，如此可以把更多軟骨烤軟。羊肩排比其他羊排大得多，通常一個人一塊就夠了。

延伸學習 ────

放入煎鍋 撒在鍋底的鹽會黏到羊排上，在外表形成一層充滿香氣的外殼。

翻面 不出 2 分鐘，羊排的外表就會烤成深褐色，而且很容易在鍋底移動。烤成這樣表示可以翻面了。

羊肉咖哩

Lamb Curry

時間：1½~2½ 小時（多數時間無需看顧）

分量：4~6 人份

最基本、最典型且全部煮在一起的印度料理，比想像中簡單太多。

· 2 大匙蔬菜油
· 900 克無骨或 1,350 克帶骨羊肩肉，切成 5 公分塊狀
· 鹽和新鮮現磨的黑胡椒
· 1 大顆洋蔥，剖半再切片
· 1 大匙大蒜末
· 1 大匙的生薑末，或者 1 茶匙薑粉
· 2 大匙咖哩粉
· ½ 茶匙卡宴辣椒，非必要
· 1 杯雞高湯、蔬菜高湯或水，可視需要多加
· ½ 杯優格
· ¼ 杯切碎的新鮮胡荽葉，裝飾用

我最喜歡用羊肩排，因為擁有最複雜的風味，口感顯然最好，也最便宜。

1. 油倒入大湯鍋，開中大火，等油燒熱，加入一半羊肉，撒一點鹽和胡椒。煎煮時注意火力，視需要撥動肉塊，以免燒焦。把肉塊的每一面都煎成漂亮的褐色，約 10~20 分鐘。羊肉煎成褐色後移到盤子上，再繼續將其餘的羊肉煎成褐色。

2. 湯鍋裡的油留 2 大匙，其餘倒掉，然後轉中火。放入洋蔥，再多撒一點鹽和胡椒，不時拌炒，直到蔬菜開始變軟，約 3~5 分鐘。加入大蒜末、薑末、咖哩粉，也可再加卡宴辣椒，不斷拌炒到產生香氣，約 1 分鐘。

3. 倒入高湯攪勻，並把鍋底所有褐渣都刮起來，再倒入煎好的羊肉。

煨燉的湯汁應該要淹到肉塊的一半高度，如果沒有則多加一點液體。火轉大，煮滾後轉小，使其微微冒泡。蓋上鍋蓋燉煮，每隔 30 分鐘攪拌一下，視需要加入少量液體，直到用叉子一撥肉就散開，這至少需要 45 分鐘，也有可能到 90 分鐘。

4. 假如咖哩看起來太稀，就拿掉鍋蓋，把火轉大，煮一下，不時攪拌，直到變得濃稠一點。如果看起來太乾，就加點高湯或水，並把火轉大一點，直到沸騰冒泡。鍋子離火，再加入優格拌勻。嘗嘗味道並調味，以胡荽裝飾即可上桌。

切羊肉 如果用帶骨羊肉，則先把大塊的肉切下來，盡可能貼著骨頭切，再把肉切小塊。

分批煎肉 讓肉塊（如果有骨頭的話）之間保留一點空間，如此才是煎熟的，而不是蒸熟。煎的時候隨時搖動鍋子，以便翻動肉塊。

炒香 炒熱咖哩粉和其他辛香料，以產生更濃厚的風味，去除生澀味。

咖哩收尾 加入優格拌勻，直到與咖哩完全混合（咖哩的顏色會變淡一些），上桌。優格凝結沒關係。

極簡小訣竅

▶ 羊肩肉就像豬肩肉，很肥。如果燉煮用的部位比較容易買到，也可用已經切好的。要找到整塊羊肩肉，可能需要向肉販訂。如果是自己動手切開整塊肉，就邊切邊把大塊的脂肪修整掉，小心別切掉太多瘦肉。

變化作法

▶ **雞肉蔬菜咖哩**：步驟 1 用大約 1,350 克的帶骨雞肉塊取代羊肩肉。按食譜步驟進行，但在步驟 3 煮了 15 分鐘後，加入 450 克預先削皮並切成 5 公分大的蠟質紅皮或白皮馬鈴薯。另外加入 3 根大型或 4 根中型削皮並切成 5 公分大的胡蘿蔔。等雞肉和蔬菜都煮軟，約 20~30 分鐘，加入 1 杯新鮮或冷凍的青豆仁，再接著後續步驟。

▶ **椰奶羊肉或雞肉咖哩**：步驟 2 等到羊肉全部煎成褐色後，倒掉煎鍋裡的油，再用 3 大匙奶油煎洋蔥片。到了步驟 4，加入 1 罐椰奶取代高湯，步驟 4 的優格也不要加。如果燉煮的過程中覺得咖哩看起來乾乾的，可加一點高湯或水。

延伸學習

烤羊腿配蔬菜

Roast Leg of Lamb with Vegetables

時間：2 小時（多數時間無需看顧）
分量：6~8 人份

色香味俱全，而且永遠是假日最受歡迎的傳統料理。

- 1 支帶骨羊腿（2,250~2,450 克）
- 900 克的蠟質紅皮和白皮馬鈴薯，削皮並切成 5 公分塊狀
- 3 條大型或 4 條中型胡蘿蔔，切成 5 公分塊狀
- 2 顆洋蔥，切成四等分
- ¼ 杯橄欖油，可視需要多加
- 鹽和新鮮現磨的黑胡椒

1. 烤箱預熱到 220℃。用銳利的刀子把羊腿表面最厚的脂肪切掉。蔬菜均勻鋪上烤肉盤，淋上橄欖油，再把羊腿放在蔬菜上，抓一大把鹽和胡椒，盡情抹在整支羊腿上。

2. 烘烤羊腿約 30 分鐘，然後把烤箱轉到 175℃。同時查看蔬菜的狀況，如果看起來像是乾掉了，多淋一點橄欖油。

3. 繼續烤 30 分鐘後，開始用快速測溫的溫度計測羊腿內部的溫度，多測試幾處，特別是最厚的部位，以確定得到精確的讀數，而且要確定沒有戳到骨頭。

4. 每隔 10 分鐘查看一次，並用湯匙舀起烤盤裡的湯汁淋到蔬菜上，使蔬菜保持濕潤。整個烘烤的時間約 60~90 分鐘，端看羊腿的大小而定。

5. 等羊腿最厚部位的內部溫度達到 50℃，出爐，切肉之前先靜置至少 5 分鐘。其實剛出爐時肉還很生，但靜置時溫度會上升到 55℃，達到一分熟，其他部位還會更熟。蔬菜如果還不夠熟，就進烤箱再烤 5~10 分鐘。最後讓羊腿切片搭配蔬菜和烤盤裡的湯汁一起上桌。

切的時候不要讓刀刃朝向自己，以免刀子滑動而割傷。

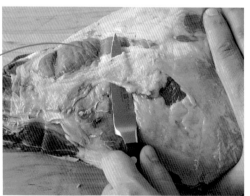

修整脂肪　寧可留下一點脂肪，也不要不小心切掉瘦肉。別切得太狠了。

與蔬菜一起烤　馬鈴薯會撐住羊腿，如此羊腿就不會接觸到烤盤底部，也不會接觸到湯汁，因此不必為這塊肉準備金屬架。

極簡小訣竅

▶ 烤羊肉的時候,與熟度相關的所有溫度都比牛肉低 3℃。而且要記得,所有肉類離火靜置時都會繼續加熱。如果你想要 55℃ 的一分熟,要在 52℃ 的時候就從烤箱裡拿出來,58℃的三分熟在 55℃ 時移出,以此類推。但最厚的部位烤到將近一分熟之後不要再烤太久,否則就不會留有粉紅色澤。羊腿最棒的地方在於形狀特殊,這表示最厚的部位如果是一分熟,最薄的地方就是全熟,結果皆大歡喜,每個人都可以吃到自己喜歡的熟度。

▶ 如果可以,最好不要羊腱,這樣買起來比較便宜,也比較符合烤肉盤的大小。假如你只能買到完整的羊腿,不妨請店家先取下羊腱,留著以後再料理。羊腱很適合煨燉。

變化作法

▶ **烤無骨羊腿配蔬菜:**通常會把這樣的肉塊捲起來,用繩子或網子綁住。1,350~2,250 克的肉塊可以做成 6~8 人份。在步驟 2,以高溫烘烤 30 分鐘之後開始查看熟度。肉塊烤好時,蔬菜還不夠熟,所以肉塊取出後,把蔬菜再放回烤箱,直到烤熟。切肉的時候先去除繩子,再橫剖切片。

先切下最大的三塊肉 以某個角度抓穩羊腿,從手的下方開始往下切,切到骨頭後,讓刀子沿著骨頭往下拉切,就這樣切出一大塊肉。把羊腿轉個方向,以同樣的方式再切 2 次。

切成肉片 將一大塊肉平放在砧板上,往下直切,厚薄程度依喜好而定。骨頭可留下來熬湯。

延伸學習

雞 肉味道溫和，價格不貴，脂肪相對較少，料理起來也很快，這些因素促使美國人一整年吃的雞肉量比其他任何肉類都要多。也因此，我們確實有必要多了解調味和烹煮家禽肉的最佳方法，這會拓展你的廚藝，讓每個人都讚不絕口。

說穿了其實很簡單，因為任何烹調法都可以用在雞肉上，包括燒烤、炙烤、翻炒、烘烤、煎炒、煨燉和油炸。我也會在這裡介紹上述所有技術，同時說明各個部位最適合用哪一種技術來料理。

這些食譜也會示範一些聰明又快速的調味法。同時因為家禽肉的味道比較溫和，我也會介紹一些簡單的搭配食材，既可增加風味，又不會搶掉雞肉的風采。同時，你會學到如何製作一些超級簡單的鍋煮醬汁，以及如何處理感恩節火雞大餐吃剩的部分和切掉的部分，讓你再也不怕料理火雞。

假如你料理雞肉和火雞的經驗已經很豐富，也可以用這一章的內容測試能力，像是改變習慣的調味方式、嘗試新的烹煮技術或食材，還可以藉此磨練切開生肉和熟肉的技巧。

禽肉 Poultry

雞肉的基本知識

準備雞肉

修除多餘的脂肪

整隻雞和雞大腿都常看到的成片脂肪會滴出油燒焦，我通常會切掉。一隻手拉起雞皮，讓雞皮伸展並拉緊，然後拿廚房剪刀由你這一側向外側剪去，或者以削皮小刀割鋸。

擦乾雞肉

用紙巾輕拍全雞或雞肉塊，把水分吸掉，以確定雞肉能煎烤成漂亮的褐色。如果雞肉是用清蒸或水煮，就可以跳過這個步驟。

雞肉的熟度和食用安全

雞肉最好夠熟，把可能致病的所有東西都殺死，包括沙門氏菌及其他有害的細菌，但又不至於煮過頭而變得乾澀。試著掌握雞肉剛從粉紅色變得不透明的時機，可用快速測溫的溫度計插進雞胸和雞大腿最厚的部位，注意避開骨頭，也可以用銳利的刀子切道小口察看內部。美國政府建議（在我看來是過度緊張）雞肉要煮到 74℃，事實上如果煮到這個溫度，吃起來保證很乾澀，特別是雞胸肉。我會建議溫度計顯示至少 68℃，但不超過 74℃，就可以離火了。如果你喜歡吃全熟雞肉，那麼就煮到這個溫度範圍的高溫區。

雞胸

棒棒腿

雞大腿

雞翅

有關雞肉的行話

天然 其實標示上有這種字樣根本毫無意義，因為政府對天然的定義並沒有提供任何特定的訊息，包括飼養方式、飼料種類，或如何加工處理等等。這樣的描述可以涵括所有雞肉，從超市賣的一般雞肉到較高品質的雞肉都可以這樣標示。

自由放養 算是比較好的選擇。嚴格來說，這些雞必須「去過戶外空間」才能如此標示。不過，除非標示主動提供更多資訊（或你積極詢問），否則還是缺少一些有用的資訊，如雞的生活條件或吃什麼飼料等等。

有機 這樣的認證是由政府負責規範和管理。沒有告訴你任何訊息，不過表示這些雞至少有些時候可以走來走去、飼主沒有投以抗生素或其他藥物，也沒有吃基因改造食物。

傳統品種雞或土雞 並沒有政府認證的標示可供區別，不過這種用語也同樣用於「祖傳蔬菜」。這表示這些品種的雞肉以味道和質地著稱。你可以在農夫市集和一些天然食品店找到這種雞肉，也可以直接向飼養者購買，但要有心理準備可能會比較貴。

烤無骨雞肉

Grilled or Broiled Boneless Chicken

時間：20 分鐘
分量：4 人份

用最快也最有風味的方法料理無骨雞
肉。

- 4 大塊不帶骨頭、不帶雞皮的雞胸肉
  （約 700 克）
- 3 大匙橄欖油
- 鹽和新鮮現磨的黑胡椒
- 1~2 顆檸檬，切成四等分，吃的時候
  附上，非必要

1. 準備燒烤爐，或打開炙烤爐，火力
   應為中大火，金屬架距離火源約
   10 公分。把雞胸肉攤平時，如果
   厚度顯然不太平均，則把每一塊雞
   胸肉夾在 2 張保鮮膜之間，將厚度
   捶打得平均一點。最後以紙巾擦乾
   肉塊。

2. 如果選擇燒烤，則把雞肉放進烤盤
   或盤子裡，以橄欖油輕拌幾下，並
   撒點鹽和胡椒。假如要炙烤，則放
   入帶邊淺烤盤，然後如上述依法炮
   製。假如你有時間，請先蓋上蓋子
   醃 1 小時，增添風味。

3. 把雞肉直接放到燒烤網架上，或放
   到炙烤爐下方的烤盤裡，烤到面
   對火源的那一面變成褐色，約 3~5
   分鐘。翻面，以同樣的方式烤另一
   面。用薄刃的刀子切開其中一塊，
   查看熟度，中央應該是白色或帶有
   微微的粉紅色，此時就可以上桌，
   或放到常溫再吃，喜歡的話可附上
   檸檬切塊。

也可以拿鎚子敲，或
用鑄鐵鍋的底部壓平。

選擇不帶骨頭的雞肉　大腿肉
（左）是深色肉，富含油脂，
非常美味，也要花較長時間
烤。雞胸肉（右）很像小型的
白色肉塊。雞肋肉（中）則是
一下子就烤熟了。

捶打無骨雞肉　為了均勻加
熱，把肉攤平在保鮮膜上，再
蓋上另一張保鮮膜，用力捶打
最厚的部位，直到與最薄的部
位一樣高。

翻面時機　先烤的那一面應該
會呈現漂亮的褐色，這時就可
以翻面了。如果是燒烤，肉會
變得很容易在烤網上移動。

極簡小訣竅

▶ 薄而無骨的肉塊也可以叫肉片。無骨的雞胸肉會很快熟,幾乎不可能不熟,無骨的大腿肉則要多花幾分鐘才會熟。

▶ 如果你喜歡吃雞肉沙拉,可以用這道食譜來煮熟雞肉。

變化作法

▶ **烤無骨雞腿肉:**按這道食譜,但是讓大腿肉烤久一點,每一面約 7~10 分鐘,端看雞肉厚度而定。

▶ **烤雞肋:**同樣按照這道食譜,雞肉的每一面只要 2~3 分鐘就會烤熟。

▶ **烤無骨香料植物雞肉:**用香料植物或辛香料搭配鹽和胡椒塗抹雞肉。選擇你喜歡吃的部位,分量也依口味而定,但有個很讚的原則是使用 1 大匙切碎的新鮮香料植物或 1 茶匙辛香料粉。

延伸學習

查看內部 像這樣的薄肉片與其靠溫度計,還不如切道小口察看內部。

辨識熟度 雞肉會很快從生肉變成全熟。上面那塊不透明但仍很多汁,下面那塊的內部還是生的。

烤得最完美的雞肉是剛從粉紅色轉為白色。

青花菜
炒雞肉

Stir-Fried Chicken with Broccoli

時間：30 分鐘
分量：4 人份

有無限可能，而且都比外帶的食物更
快更好。

· 450 克青花菜
· 2 大匙大蒜末
· 1 大匙磨碎或切碎的生薑
· 1 顆中型洋蔥，剖半再切片
· ½ 杯水、雞高湯或干白酒
· 450 克無骨不帶皮的雞胸肉或大腿肉
· ¼ 杯蔬菜油
· 鹽和新鮮現磨的黑胡椒
· 1 茶匙糖，非必要
· 2 大匙醬油

1. 修整青花菜，切成 2.5~5 公分的一塊塊。確定大蒜、生薑和洋蔥都已事先備妥，液體也一樣。

2. 用紙巾把雞肉吸乾，再切成適口大小。

3. 2 大匙油倒入大型平底煎鍋，開中大火，等油燒熱，放入雞肉，撒點鹽和胡椒，撥動一次，然後放著煎，直到開始滋滋作響且煎成褐色，至少 1 分鐘，再撥動一下。撒上大蒜、生薑和洋蔥，不時拌炒，直到雞肉不再帶有粉紅色，蔬菜也炒軟，約 3~5 分鐘。用有孔漏勺把所有食材從煎鍋裡舀出來。

4. 剩餘的 2 大匙蔬菜油倒入煎鍋，傾斜搖動鍋子，使油布滿鍋面，接著立刻放入青花菜，火轉大，不斷拌炒到青花菜有些地方開始燒焦，且炒成亮綠色，約 1~2 分鐘。加入 ¼ 杯水，一邊攪拌，一邊把鍋底所有褐渣都刮起來。試吃一塊青花菜，應該要軟硬適中，但一點也不軟爛。如果不到這種程度，則繼續炒 1~2 分鐘。

5. 把步驟 2 的材料倒回煎鍋，拌炒一、兩次。如果喜歡甜一點，加點糖，接著放醬油。如果看起來乾乾的，則把其餘的 ¼ 杯水加進去，再拌炒一下。嘗嘗味道並調味即可上桌。

切成適口大小 我所謂的「適口」，意思是 1.2~2 公分左右的小塊。

攪拌與否 如果想讓雞肉煎得焦一點，就不必立刻把蔬菜加進去。若希望雞肉的顏色淡一點，而且比較有彈性、不是那麼有嚼勁，過程中可以一直翻炒。

極簡小訣竅

▶ 如果要拿來配飯或配麵，在翻炒之前就要先煮好飯或麵。如此這道料理就可以很快組合起來。

變化作法

▶ **蔬菜炒雞肉：**可以改用其他蔬菜，切片、切塊或保留一整棵均可，如蘑菇、荷蘭豆、胡蘿蔔、芹菜、青菜、燈籠椒、豆芽菜或混合幾種蔬菜。確切的烹煮時間端看蔬菜切多大塊、還沒煮的時候有多硬而定，所以在步驟 4 一定要經常試吃。

延伸學習

這裡可以加水，但是以雞高湯或白酒（甚至是啤酒或清酒）取代水，會產生更多風味。

翻炒蔬菜 先煎燒青花菜，再加一點液體，把青花菜蒸熟一點，這樣炒出來的蔬菜清脆軟嫩。要知道何時煮熟，唯一方法是試吃。

多加一點液體 我喜歡讓翻炒的菜都裹著一點醬汁。加入適量的液體，以便達到你喜歡的濃稠度。

雞肉片佐
快煮醬汁

Chicken Cutlets with Quick Pan Sauce

時間：20~30 分鐘

分量：4 人份

快速、可靠、豐富，而且相當風雅。

- 1 杯中筋麵粉
- 700 克無骨不帶皮的雞胸肉、雞大腿肉或雞肋肉
- 鹽和新鮮現磨的黑胡椒
- 2 大匙橄欖油
- 3 大匙奶油
- ½ 杯干白酒
- ½ 杯水、雞高湯或蔬菜高湯
- ¼ 杯切碎的新鮮歐芹葉，外加 2 大匙裝飾用
- 1 顆檸檬，切成四等份，吃的時候附上

1. 烤箱預熱到 90°C。麵粉倒在盤子上或淺碗裡，放在爐子旁邊。需要的話把每一片雞肉放在兩張保鮮膜之間，捶打成均勻的厚度，再以紙巾吸乾水分，並撒上鹽和胡椒。

2. 橄欖油和 2 大匙奶油放入大型平底煎鍋，開中大火，等奶油融化，拿起一片雞肉放入麵粉裡，每一面都沾粉，把餘粉甩掉，再把雞肉下鍋，接著重複處理下一片。需要的話分批煎雞肉，以免太擠。

3. 煎一下，視需要調整火力，使鍋內的油一直冒泡，但又不至於燒焦雞肉。2 分鐘後轉動雞肉，使原本面向鍋子邊緣的那一側轉朝中央，反之亦然。不要翻面，最好都是同一面接觸熱油。等每一片的底面都煎成褐色，約 3~4 分鐘，再將雞肉翻面。

4. 煎第二面，如同步驟那樣調整火力，直到雞肉碰觸起來很扎實，但內部還有一點粉紅色，約 3~4 分鐘。查看熟度，用薄刃刀子切道小口察看內部。將煎好的雞肉放入烤盤，接著進烤箱。

5. 酒倒入煎鍋，開中大火，一邊攪拌使之沸騰冒泡，一邊刮起煎鍋內的褐渣，直到一半的酒精揮發，約 1~2 分鐘。倒入水，繼續攪拌到湯汁稍微濃稠，且縮成 ¼ 杯，約 2~3 分鐘。剩餘的 1 大匙奶油放入煎鍋，搖動鍋子，使之融化，然後熄火。

6. 從烤箱裡拿出雞肉，把烤盤裡的汁液都倒進煎鍋，並加入 ¼ 杯歐芹。攪拌一下，嘗嘗醬汁的味道並調味。以湯匙舀起醬汁淋到雞肉上，並用其餘的 2 大匙歐芹裝飾，附上檸檬一起上桌。

雞肉裹粉 依照自己的速度進行，夾起一片片雞肉沾裹麵粉，然後放入煎鍋裡。一次處理一片，以免裹在雞肉上的麵粉變得濕濕的，另一方面也可讓油維持高溫。

時機和空間 如果鍋子內太擠，雞肉就不會煎成褐色。當然可以先煎好一批，再煎另一批。如果油不再滋滋作響，也開始看到蒸汽冒出來，就表示鍋子裡太擠了。

極簡小訣竅

▶ 這道食譜讓一切井然有序,特別是教你先掌握沾裹麵粉的要領並把每樣東西都準備好,再才開火。

變化作法

▶ **其他肉片:**可以嘗試火雞肉片、豬肉片或小牛肉片,魚排也很適合。煎的時間各不相同,有時每一面需要多煎 2 分鐘左右,但要知道何時該翻面以及辨認熟度的方法,就都一樣。

▶ **雞肉片佐巴薩米克醬汁:**步驟 5 還沒加入奶油前,先加入 1 大匙巴薩米克醋攪拌。

延伸學習

邊煎邊旋轉　開始發現雞肉有些部位轉成褐色時,每一塊肉都轉一下(不要翻面),把原本朝向鍋子邊緣那一側轉成朝向鍋子中央。

利用褐渣製作醬汁　讓酒液沸騰蒸散,同時刮起鍋底的所有褐渣。

烤雞肉片

Roasted Chicken Cutlets

時間：30~40 分鐘

分量：4 人份

表面裹著酥脆的麵包粉，內裡軟嫩多汁，完全不需要動到爐子。

- 2 大匙奶油，放到融化，外加塗在烤盤上的奶油
- 700 克無骨不帶皮的雞胸肉、雞肋肉或大腿肉
- 1 杯麵包粉，最好是新鮮的
- ¼ 杯切碎的新鮮歐芹葉
- 鹽和新鮮現磨的胡椒粉
- 1 顆蛋
- 2 顆檸檬，切成四等分，吃的時候附上

1. 烤箱預熱到 200℃，帶邊淺烤盤塗上一點奶油。需要的話，把雞肉平鋪在兩張保鮮膜之間，捶打成均勻的厚度，再用紙巾吸乾水分。

2. 麵包粉、融化奶油和歐芹放進淺碗裡混合，撒點鹽和胡椒，輕拌幾下直到混勻。把雞蛋打入另一只淺碗，並輕輕打散。

3. 把每塊雞胸肉平滑的那一面輕沾蛋液，然後放進麵包粉料，向下壓一壓，以確定麵包粉確實黏到雞肉上。接著把每一片雞胸肉放到淺烤盤上，沾了麵包粉的那一面朝上。如果麵包粉還有剩，則撒到雞胸肉上，然後壓一壓，確定黏住了。

4. 雞肉進烤箱烤，直到肉片摸起來很扎實，而內部還帶有一點點粉紅色或剛剛消失，約 15~25 分鐘，視厚度而定。查看熟度時，可用薄刃刀子切出小口，看看內部狀況。把烤好的肉片裝盤，上桌時附上檸檬。

這是鋪在上方的配料，不是裹粉。

麵包粉調味 只要輕拌幾下，讓麵包粉、奶油、歐芹、鹽和胡椒混勻就好。

輕沾蛋液 蛋的作用像麵包粉的黏膠，要確定雞肉平滑的那一面完全裹上蛋液。

留下適當的空間 在雞肉之間留一點空間，這樣才會烤成褐色，而且一直要到烘烤完成，你的任務才算結束。

極簡小訣竅

▶ 要比酥脆和香氣，很難比得過用優質鄉村麵包自製的麵包粉。不過顆粒較粗的日式麵包粉是很不錯的第二選擇，而這可以在超市買到。不要用店售的細粒麵包粉，那吃起來很像粉末。

變化作法

▶ **4 種特別的沾料：**

1. 把 ¼ 杯新鮮現刨的帕瑪乳酪加入麵包粉料。
2. 用 1 大匙切碎的新鮮龍蒿、奧勒岡、迷迭香、胡荽或薄荷葉取代歐芹。
3. 不加歐芹，改用 ½ 杯磨碎或切碎的堅果。
4. 用 ¼ 杯味噌醬取代雞蛋。在整塊雞肉抹上薄薄一層，然後按步驟 3 繼續進行。

延伸學習

花生雞肉沙威瑪

Peanutty Chicken Kebabs

時間：40 分鐘（外加醃肉的時間）

分量：4 人份

令人想起泰式沙嗲，還省去麻煩，不用把雞肉打成薄片。

- 700 克無骨不帶皮的雞大腿肉
- 1 顆洋蔥，大致切小塊
- 2 大匙大蒜末
- ¼ 杯新鮮的胡荽葉
- 1 顆萊姆的皮和汁
- 1 大匙蔬菜油，再多準備一些塗抹烤盤
- 1 大匙醬油
- ¼ 茶匙卡宴辣椒
- 2 大匙花生醬
- 鹽
- 2 顆萊姆，切成四等分，吃的時候附上

1. 你會需要 4 支長的或 8 支短的烤肉叉。如果用木製烤肉叉，在準備雞肉時先泡入溫水。雞肉切成約 4 公分的塊狀。

2. 製作醃肉醬，把洋蔥放進食物調理機或果汁機，同時放入大蒜、2 大匙胡荽、碎萊姆皮和萊姆汁、蔬菜油、醬油、卡宴辣椒、花生醬，以及一撮鹽。攪打到相當滑順，視需要加入幾滴水，讓機器能夠繼續攪動。雞肉放入大碗，將醃肉醬倒在雞肉上，用保鮮膜包住碗口。在常溫下靜置至少幾分鐘甚至 1 小時，或冷藏 12 小時。

3. 要烤的時候，先設置好燒烤爐或打開炙烤爐，火力為中大火，金屬架距離火源約 10 公分。如果用炙烤，先在大型帶邊淺烤盤上塗抹一點油。雞肉串上烤肉叉，每一塊雞肉之間留一點空間。

4. 如果採燒烤，肉串放到烤網上，直接在火上烤。如果採炙烤，則放在準備好的烤盤上，再放到火源下烤。烤一下，用夾子翻面一、兩次，直到雞肉完全烤熟，約 12~15 分鐘。查看熟度時，用銳利薄刃刀切開其中一塊雞肉，中央應該是白色或略帶粉紅色。用其餘的 2 大匙胡荽作裝飾，最後搭配萊姆切塊一起上桌。

如果用的是木製烤肉叉，在準備雞肉時先泡入溫水。

雞肉切成塊狀 盡量把雞肉切成約略相同的大小，受熱比較均勻。

醬醃雞肉 徹底輕拌雞肉，每一塊肉都要裹上醃肉醬。

極簡小訣竅

▶ 燒烤或炙烤時，雞大腿肉比雞胸肉好烤，較不會失誤。

▶ 雞肉串上烤肉叉時，彼此間一定要距離 0.5 公分左右，熱氣才能在肉塊之間循環。為了翻面方便，可以用兩支烤肉叉串雞肉。你也可以在中間穿插串上蔬菜，但把同類食材串在一起，會比較容易控制燒烤時間。如果想把肉類和蔬菜混串，最好選烤熟的時間與雞肉差不多的蔬菜。

變化作法

▶ **地中海式雞肉沙威瑪**：換掉所有食材，只保留雞肉和鹽。在步驟 2，以 3 大匙橄欖油、1 茶匙巴薩米克醋或雪莉酒醋、½ 杯切碎的新鮮羅勒葉、一撮鹽和胡椒混合在一起，這樣就不需要攪打醃肉料。接著以此混料醃雞肉。串上醃好的雞肉，中間穿插小番茄，最後依步驟 4 燒烤或炙烤。

延伸學習

串起雞肉　雞肉彼此間留一點空間，才能烤成漂亮的褐色。

烤雞肉沙威瑪　如果只用一支烤肉叉來串，有時肉塊會稍微轉動，但這也沒關係，只要每一塊肉都翻動過且烤勻即可。

水牛城
辣烤雞翅

Roasted Buffalo Chicken Wings

時間：1½ 小時（多數時間無需看顧）
分量：6~8 人份

擁有酒吧食物的所有風味，在家就可簡單做出。

· 1 杯優格、酸奶油或美乃滋
· ½ 杯剝碎的藍紋乳酪
· 2 茶匙新鮮檸檬汁
· 鹽和新鮮現磨的黑胡椒
· 1~4 大匙辣醬
· 4 大匙（½ 根）奶油，使之融化
· 2 大匙葡萄酒醋
· 1 大匙大蒜末
· 1,350 克的雞翅
· 2 大匙蔬菜油
· 8~12 根芹菜莖，切成棒狀

1. 烤箱預熱到 200℃。先製作蘸醬，把優格、藍紋乳酪和檸檬汁攪打混合，並加一點鹽和胡椒。準備雞翅的同時，把蘸醬放入冰箱冷藏數小時。接著把辣醬、奶油、醋和大蒜放入小碗混合成辣烤醬。

2. 如果翅棒腿與雞中翅還未分開，用主廚刀或剪刀從關節中央切開。翅尖也切下，保留起來熬高湯或丟棄。

3. 雞翅放進大型烤肉盤，淋上油，撒點鹽和胡椒，輕拌幾下，使雞翅均勻沾裹，然後把雞翅散開，鋪成一層。烤盤放入烤箱烘烤，不要撥動，直到烤盤底部覆滿油脂，雞翅也開始烤成褐色，約 25~35 分鐘。把烤盤上的油汁刷在雞翅上，然後拿湯匙盡可能把汁液全部小心舀出來。如果雞翅依舊黏在烤盤上，就再放回烤箱裡，直到很容易移動為止，約再烤 5~10 分鐘。

4. 幫雞翅翻面，再用油汁刷一次，然後把所有油脂都舀出來倒掉。把雞翅放回烤箱，直到另一面也烤成褐色，而且也很容易移動為止，約 15~20 分鐘。

5. 烤箱溫度提高到 230℃。最後一次把烤盤裡的油脂舀掉。把辣醬混合物淋上雞翅，輕拌幾下使雞翅裹上醬汁，再把雞翅散開鋪成一層，再進烤箱裡。烤一下，輕拌一、兩次，直到每一面都烤得酥脆，約 5~10 分鐘。趁熱吃，或放到常溫再吃也可以，搭配芹菜和藍紋乳酪蘸醬。

用銳利的剪刀做會快很多。

切開雞翅 為了輕鬆分開雞翅的各個部分，從關節中央切下，動作要果斷。

極簡小訣竅

▶ 要做出香氣最強烈、最清爽的蘸醬，請選用優格。酸奶油和美乃滋都很濃郁，而且各有獨特味道。想要既有香氣又濃郁嗎？不妨將三種混合起來。

▶ 辣醬的調配可以依照個人口味。在這道食譜裡，多加一點或少加一點辣醬，全憑喜好。

▶ 雞翅自己就會告訴你何時該翻面，只要很容易在烤盤上移動就可以翻面了。如果需要使力才能移動，就表示還沒有烤好。

變化作法

▶ **辣醬油亮烤雞翅：**不用藍紋乳酪蘸醬、辣醬和融化奶油。在步驟 1 做烤醬時，用檸檬汁取代葡萄酒醋，加入 1 大匙生薑末、1 根會辣的新鮮綠辣椒切碎（如泰椒）、¼ 杯醬油和 2 大匙黑芝麻油，並用這個醬汁裹住雞翅。

延伸學習

以醬汁裹住雞翅後，一定要讓雞翅再次散開。

鋪好雞翅　只要雞翅不堆在一起，彼此稍微相接是沒關係的，因為雞翅烤了之後會縮小一點。

舀出油脂　查看雞翅狀況時，讓烤盤稍微傾斜，小心把多餘的油脂舀出來，否則雞翅不會烤得酥脆。

塗上醬汁再烤脆　這時你已經提高烤箱溫度，雞翅也裹上醬汁，接下來雞翅很快就會烤到酥脆，所以要密集查看狀況，視需要翻面。

烤雞肉塊

Grilled or Broiled Chicken Parts

時間：30~50 分鐘（視烤法而定）

分量：4 人份

很棒的日常食譜，只要改用不同香料植物就可改變風味。

- 5 枝新鮮的奧勒岡、歐芹或百里香，混合使用也可以
- 1 隻全雞切塊，或約 1,350 克的各部位雞肉塊
- 2 顆檸檬的檸檬汁
- 鹽和新鮮現磨的黑胡椒
- 1 顆檸檬，切成四等分，吃的時候附上

1. 準備燒烤爐進行間接燒烤，燒烤爐內的一半擺滿燒熱的炭，另一半完全不放，金屬架距離火源約 10 公分。或打開炙烤爐，開到大火，金屬架距離熱源約 15 公分。

2. 用手指把新鮮香料植物從莖上拔起，莖枝丟棄不用。保留一撮葉子裝飾用。

3. 手指戳進每一塊雞肉的雞皮與肉之間，把雞皮拉開，然後塞入幾片新鮮香料植物。檸檬汁抹上所有雞肉塊，按摩一下，撒上大量的鹽和胡椒。

4. 燒烤法：炭火燒旺，所有雞肉塊放到燒烤爐溫度較低的一側，雞皮那一面朝上，蓋上蓋子。約 10 分鐘後，油脂開始融化滴下，幫雞肉塊翻面，並蓋上蓋子。萬一火舌竄起，就把雞肉移到燒烤爐上溫度更低的地方，或用夾子幫雞肉翻面，讓雞皮面再度朝上。約 20~30 分鐘後，等雞皮看起來再也不生，而且大部分油脂都已融化滴掉，就很安全，可以把雞肉移動到炭火的正上方。先不要蓋上蓋子，不時幫雞肉塊翻面，直到兩面都烤成漂亮的褐色，且肉也顯得扎實且熟透，約 5~10 分鐘。

5. 炙烤法：雞皮那一面朝下，放到帶邊淺烤盤上，送進炙烤爐。每隔幾分鐘就查看，確定雞肉塊沒有烤焦。如果烤得太快，則把烤盤移到距離熱源更遠的地方。約 15~20 分鐘後，雞肉差不多烤熟，用夾子幫雞肉翻面，直到雞皮烤成褐色，約 5~10 分鐘。無論炙烤或燒烤，查看熟度時，都可拿銳利薄刃刀切出小口，如果烤熟了，肉汁應該很透明。

6. 烤雞肉時，把保留下來的香料植物切碎。可以趁熱吃、溫溫地吃，也可以放到常溫吃，用切碎的香料植物和檸檬切塊作裝飾。

運用這個技巧，你可以幫雞肉調味，不但調味料不會燒焦，雞皮也能保持酥脆。

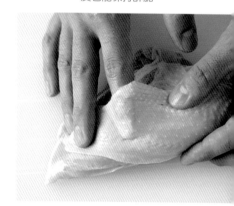

拉鬆雞皮 小心將手指伸入雞皮和雞肉之間，拉一拉產生一點空間。不用擔心是否會扯破雞皮。

極簡小訣竅

▶ 相信你的鼻子：烤帶骨帶皮的雞肉時，如果聞起來像燒焦，就是燒焦了，這通常表示外表已燒焦，而內部還是生的。一開始最好不要讓雞皮面對熱源，要確定整塊雞肉都已經烤熟，再把雞皮烤酥脆。

變化作法

▶ **烤照燒雞肉塊**：換掉香料植物和檸檬汁。在步驟 2，把 1/3 杯醬油、1/3 杯清酒或微甜的白酒、3 大匙蜂蜜、2 大匙糖、3 大匙水、一大撮鹽和胡椒放入小型醬汁鍋混勻，開中大火煮沸，再加熱幾分鐘，直到醬汁開始變得濃稠。把醬汁刷塗在整個雞塊上，再接著步驟 4 進行。每隔 5 分鐘左右再刷一點醬汁，然後翻面。等雞肉烤熟，再翻面一次，把兩面都烤得酥脆即可趁熱上桌，或放到常溫吃。

延伸學習

雞肉調味 把雞皮和雞肉拉開，塞入幾片香料植物，盡量不要戳破雞皮。

檸檬調味 用檸檬汁塗抹整塊雞肉，這樣可以讓雞肉在高溫燒烤時保持濕潤。

雞肉翻面 等到烤成褐色、碰觸起來很扎實，而且流出的肉汁是透明的，就可以翻面。

軟透大蒜
燉雞肉

Chicken Stew with Softened Garlic

時間：1¼ 小時 （多數時間無需看顧）
分量：4 人份

柔軟熟透的大蒜幾乎跟軟嫩多汁的雞肉一樣美味。

- 2 大匙橄欖油
- 1 隻全雞切塊，或約 1,350 克的雞肉塊
- 鹽和新鮮現磨的黑胡椒
- 2 大球大蒜，分成一瓣瓣，但不要去皮
- ½ 茶匙肉桂粉
- ¾ 杯水、干白酒或雞高湯
- 1 條脆皮麵包，切片，吃的時候附上

1. 油倒入大型平底煎鍋，開中大火，等油燒熱，放入雞肉，雞皮那一面朝下。撒一點鹽和胡椒，煎一下，不要撥動，但可調整火力，使雞肉滋滋作響但不至於燒焦，直到雞肉很容易在煎鍋內移動，約 5~10 分鐘。幫雞肉翻面，每隔幾分鐘轉一下，把雞肉煎成均勻的褐色。等雞肉塊煎成褐色，約是再煎 5~10 分鐘之後。把雞肉移出煎鍋，鍋內大部分油脂舀出來，只留下大約 2 大匙油脂。

2. 雞肉倒回煎鍋內，放入大蒜和肉桂粉，再多撒一點鹽和胡椒，並淋上 ½ 杯液體。煮滾後，調整火力，使其溫和平穩冒泡。

給狂愛吃大蒜的人：不要客氣，可以再多放一球大蒜，甚至兩球也行。

3. 蓋上鍋蓋煮 30 分鐘，然後查看狀況，如果煎鍋內看起來乾乾的，就倒入其餘液體。蓋上鍋蓋繼續煮，直到雞肉和大蒜都煮得非常軟嫩，約再 25~35 分鐘。若不急著吃，可先把燉肉放冷藏一天，要吃的時候再慢慢重新加熱。最後雞肉、大蒜和醬汁裝盤上桌，軟綿綿的大蒜瓣可以鋪在麵包切片上面。

雞肉塊煎成褐色 似乎有點擠，但只要先把其中一面煎成褐色再移動，成果就會很漂亮。

加入大量大蒜 看似很多，但會煮到軟爛，產生美味的醬汁。

慢慢煨燉 最好是溫和冒泡、平穩沸騰的狀況。

極簡小訣竅

▶ 先煎燒雞肉可多產生一些風味，雞皮也可以煎得比較酥脆，但不一定非這樣做不可。如果你嫌麻煩，也可以把所有材料一起放進鍋子裡，把整鍋煮滾，再接著後續步驟進行。

▶ 大蒜皮可以保持每一瓣的完整形狀，也會為醬汁增添風味。

▶ 這道燉肉配麵包最簡單美味，當然配蛋麵或米飯（並加入奶油）也很棒。

變化作法

▶ **紅蔥燉雞肉：**不用大蒜，改用10顆紅蔥，修整並去皮，但是讓整顆紅蔥保持完整。其餘步驟與食譜相同。

延伸學習

地中海式
燉雞肉

Braised Chicken, Mediterranean Style

時間：1 小時

分量：4 人份

味道鮮明的燉菜，夠清爽，很適合夏天。

- 2 大匙橄欖油
- 1 隻全雞切塊，或者大約 1,350 克的雞肉塊
- 鹽和新鮮現磨的黑胡椒
- 2 顆中型洋蔥，切小塊
- 2 片鯷魚，或 1 大匙瀝乾的酸豆，非必要
- 1 茶匙大蒜末
- 1 個 780 克的切塊番茄罐頭（不需特別瀝乾）
- ½ 杯干白酒、雞高湯，或水
- 1 杯尼斯橄欖或卡拉瑪塔橄欖，去核
- 1 大匙新鮮的百里香葉，或 1 茶匙乾燥的百里香
- 2 大匙切碎的新鮮歐芹葉，裝飾用

1. 油倒入大型平底煎鍋，開中大火，等油燒熱，放入雞肉，雞皮那一面朝下。撒一點鹽和黑胡椒，煎一下，不要撥動，但可調整火力，讓雞肉滋滋作響但不至於燒焦，直到雞肉塊很容易在煎鍋內移動，約 5~10 分鐘。幫雞肉翻面，每隔幾分鐘轉動一下，使雞肉均勻煎成褐色。約煎 5~10 分鐘，雞肉塊煎成褐色後，從鍋中移出。

2. 轉中火，把鍋內大部分油脂倒掉或舀出，只留下 2 大匙的油。放入洋蔥，如果要加鯷魚也放入，拌炒到洋蔥變軟，鯷魚也散開，約 3~5 分鐘。放入大蒜和番茄，把火力開大一點，煮到沸騰冒泡，番茄醬汁也變得濃稠一點，約 1~2 分鐘。倒入白酒，攪拌一下，沸騰後再煮 2 分鐘。

3. 加入橄欖和百里香，同時再加點胡椒。橄欖很鹹，可能不需要再加鹽，但如果想加，等一下再加都來得及。雞肉塊放回煎鍋內，盡量埋在醬汁下。調整火力，讓醬汁溫和平穩冒泡，接著蓋上鍋蓋。

4. 繼續煮，每隔 5 分鐘查看並翻動雞肉塊，直到雞肉煮得軟嫩且熟透，約 20~30 分鐘，如果醬汁看起來太乾，加入 1 大匙液體。用快速測溫的溫度計插入大腿肉最厚的部位，溫度約為 68~74°C 時，雞肉就煮好了。雞肉裝盤，嘗嘗醬汁的味道並調味，然後把醬汁淋在雞肉上，用歐芹裝飾即可上桌。

煨燉時，雞肉還會繼續釋出油脂，為了不讓醬汁變得太油膩，這時候需要撈除一些油。

煎鍋內的油量 不需要真的測量煎鍋內留下多少油脂，重點是鍋底有薄薄一層油就夠了。

極簡小訣竅

▶ 如果新鮮番茄正值盛產（而且熟透），就用新鮮番茄切小塊，含皮含籽整顆下去煮，約 3 杯的量。如果想要煮出豐厚、濃稠的醬汁，可以用羅馬番茄（李子番茄）。切片吃起來比較清爽，煮出來也比較多汁。

變化作法

▶ **辣椒香橙燉雞肉**：不要加鯷魚、橄欖和百里香，用蔬菜油取代橄欖油，並用橙汁取代白酒。步驟 2 放入洋蔥的同時也加入 1 茶匙辣椒粉，接著後續步驟，最後用胡荽葉作裝飾。

▶ **煨燉烤雞肉**：不要加鯷魚、橄欖和百里香，用啤酒取代白酒，放入洋蔥的同時也加入 1 大匙辣椒和 ¼ 杯紅糖，再接著後續步驟。

延伸學習

與鯷魚一起炒 試著用鯷魚，至少試一次。鯷魚會溶解在醬汁裡，產生又濃又鹹的大海風味。如果你還是覺得很噁心，可用酸豆取代鯷魚。

在醬汁裡煨燉雞肉 把雞肉放回煎鍋時，番茄混合物應該會有很多水分。

雞肉燉飯

Chicken and Rice

時間：大約 1 小時

分量：4 人份

全世界最棒的一鍋煮料理之一。

- 2 大匙橄欖油
- 1 隻全雞切塊，或者大約 1,350 克的雞肉塊
- 鹽和新鮮現磨的黑胡椒
- 2 顆中型洋蔥，切小塊
- 1 大匙大蒜末
- 1½ 杯短粒白米
- 一小撮番紅花細絲，非必要
- 3½ 杯水、雞高湯或蔬菜高湯，可視需要多加
- 1 杯青豆仁（冷凍也可以，不需要解凍）
- 2 顆萊姆，切成四等分，吃的時候附上

1 油倒入大型長柄平底尖鍋內，開中大火，等油燒熱，放入雞肉，雞皮那一面朝下。撒點鹽和胡椒，煎一下，不要撥動，但要調整火力，讓雞肉滋滋作響但不至於燒焦，直到雞肉塊很容易在煎鍋內移動，約 5~10 分鐘。翻面，每隔幾分鐘旋轉一下，把雞肉煎成均勻的褐色。再煎 5~10 分鐘，把雞肉塊煎成褐色，移出煎鍋。

2 轉中火，把鍋子大部分的油倒出或舀出，只留 2 大匙。洋蔥放入煎鍋，不時翻炒到變軟，約 3~5 分鐘。放入大蒜和白米，拌炒到米裹著油光。如果你要加番紅花細絲，這時剝碎加進去。

3 雞肉放回煎鍋，加水，輕輕攪拌，把所有材料混在一起。煮滾後，火轉小，使之溫和平穩冒泡。蓋上鍋蓋煨燉，不要攪動，煮 20 分鐘，然後查看飯和雞肉的狀況。目標是材料把湯汁全部吸收，米飯煮軟，雞肉也熟透。如果米飯乾乾的，但還沒煮熟，就多加 ¼ 杯水，再煮 5~10 分鐘。用快速測溫的溫度計插入大腿肉最厚的地方，若溫度約為 68~74℃，雞肉就煮熟了。

4 煎鍋離火，嘗嘗米飯的味道並調味。加入青豆仁，再次蓋上鍋蓋，靜置 5~15 分鐘。雞肉從煎鍋裡夾出裝盤。拿叉子把飯撥鬆，再用湯匙舀到每個盤子的雞肉周圍，加入萊姆切塊即可上桌。

剝散番紅花 只需要加一小撮番紅花，太多的話風味會太強。或加 1 茶匙孜然粉或煙燻紅辣椒粉（綜合亦可）。

極簡小訣竅

▶ 番紅花並不便宜,如果你要加,就應該已經知道價位。幸好買一點點就可以用很久。

▶ 不要擔心用同一只鍋子煮雞肉和米飯,這不會比分開煮還難。煮到最後階段,你可能需要隨時注意鍋子裡的濕潤程度,但只要能夠忍住打開鍋蓋攪拌的衝動,結果通常很不錯。

▶ 這道料理傳統上是用短粒米,但是如果你希望米不要太黏、口感比較蓬鬆,也可用長粒米,這樣在步驟 3 可能需要多加一些液體。

變化作法

▶ **雞肉配小扁豆:**不要加青豆仁,用檸檬取代萊姆。1 杯乾的褐扁豆或綠扁豆洗淨並挑揀好,取代白米,再接著後續步驟。

延伸學習

查看米飯的狀況:米飯應該要吸收所有湯汁,顯得軟而不爛。

加入液體 讓煎鍋內的所有材料均勻分布,不要攪拌過度,以至於有些地方凸了起來。

靜置時間 把火關掉後,加入青豆仁並蓋上鍋蓋。也因為有這道重要步驟,所以這道料理很適合用來請客,可先燜 15 分鐘再端上桌。

炸雞

Fried Chicken

時間：40 分鐘

分量：4~6 人份

不可否認會把廚房弄亂，但這是一道難以抗拒的大餐。

- 蔬菜油，視需求而定
- 1 隻全雞切塊，或者大約 1,350 克的雞肉塊
- 2 杯中筋麵粉
- 1 大匙鹽
- 1 大匙新鮮現磨的黑胡椒
- 2 大匙肉桂粉

1. 大型平底煎鍋內倒入約 1.2 公分深的油。用紙巾把雞肉徹底擦乾。麵粉和各種調味料放入大型塑膠袋或大碗裡混勻。雞肉放入粉料裡輕拌幾下，一次處理 2~3 塊，直到全部都裹上粉。把餘粉輕輕拍掉，完成後放到架子上。油鍋下的爐火開到中大火。

2. 放一小撮麵粉到油裡，如果油夠熱，會聽到滋滋聲。雞皮那一面朝下，慢慢放入雞肉塊。雞肉塊全部放進去可能有點擠，但只要雞肉滋滋作響且沒有燒焦就無妨。隨時調整火力，視需要加入蔬菜油，每一次加入 2 大匙，維持肉與油之間的平衡。蓋上鍋蓋，炸到可以聞到雞皮的焦香為止，約 5~10 分鐘。

3. 打開蓋子，用夾子輕拉其中一塊雞肉，如果很容易拉開，就翻面。如果不行，再蓋上鍋蓋，炸 1~2 分鐘。等所有雞肉都翻面，繼續炸，不要加蓋，直到另一面也炸成漂亮的褐色，約 5~10 分鐘。

4. 比較小塊的雞肉會先炸熟，若要查看熟度，可夾出一塊，用刀子切到骨頭，內部的肉應該要很扎實，肉汁也是透明的。繼續炸並翻面（視需要調整火力），直到所有雞肉的內部都熟透，約 5~10 分鐘。炸好所有雞肉塊後，移到紙巾上吸油。趁熱吃、溫溫地吃或放到常溫再吃皆可。

順從你的直覺：隨時調整火力，覺得該多加一點油就加。

雞肉塊裹粉 用夾鏈袋很方便。若要炸出最酥脆的外皮，切記雞塊不要裹上太多麵粉。

測試油溫 不需要用溫度計，只要丟進一小撮麵粉，麵粉應該會滋滋作響但不會立刻燒焦。

翻面的時機 只要雞肉很容易在煎鍋內移動，而且散發很棒的香氣，就可以翻面了。

極簡小訣竅

▶ 讓雞肉在塑膠袋裡沾裹麵粉（取代碗），是讓雞肉塊完整裹上麵粉的最好方法，清理起來也比較簡單。

變化作法

▶ **油炸無骨雞肉**：用 700 克不帶骨頭的雞胸肉、雞肋肉或大腿肉，捶打成均勻的厚度，沾裹麵粉，然後依步驟 1 把油燒熱。炸的時候不要加蓋，每一面只炸 3~5 分鐘，炸到外表酥脆、內部變成白色或帶有微微的粉紅色即成。

▶ **厚麵衣炸雞**：雞肉浸在 4 杯白脫乳裡，在室溫下浸泡 1 小時或冷藏數小時。每一塊雞肉要裹粉之前，先夾起來在碗上方停留幾秒，讓多餘的液體滴下，再接著後續步驟。

延伸學習

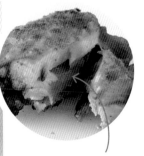

查看熟度　如果雞肉熟透了，肉汁會是透明的。反之，肉汁會顯現粉紅色。

檢查內部時，若看起來還是這樣的粉紅色，就把雞肉放回熱油中，過幾分鐘再查看另一塊。

烤雞

Roast Chicken

時間：1 小時（多數時間無需看顧）

分量：4 人份

雞皮酥脆美味，雞肉軟嫩多汁，而且一點也不難。

- 1 **隻全雞**（1,350~1,800 **克**）
- 3 **大匙橄欖油**
- **鹽和新鮮現磨的黑胡椒**

1. 烤箱預熱到 200°C，並把金屬架放在下層 ⅓ 的位置。可放進烤箱的大型平底煎鍋放到金屬架上加熱，並在此時切掉雞肉多餘的脂肪，用紙巾拍乾，塗抹橄欖油，撒上一點鹽和胡椒。

2. 等煎鍋烤到炙熱，約 10~15 分鐘，把雞肉小心放進煎鍋內，雞胸面朝上。烘烤一下，不要撥動，直到雞肉熟透，約 40~60 分鐘，視雞隻大小而定。把快速測溫的溫度計插入大腿肉最厚的地方，若溫度約為 68~74°C，或用刀子切肉時可以切到骨頭，肉汁也是透明的，就代表烤熟了。

3. 煎鍋從烤箱裡小心取出來。稍微傾斜鍋子，讓雞身內部的所有汁液都流到鍋子裡，然後把整隻雞移到砧板上，靜置至少 5 分鐘。煎鍋內的肉汁倒進透明量杯，靜置幾分鐘，直到油脂都浮到表面上，用湯匙把油脂盡量撈掉。切開整隻雞，搭配溫溫的肉汁一起上桌。

切記：切錯還是可以吃！

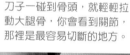
刀子一碰到骨頭，就輕輕拉動大腿骨，你會看到關節，那裡是最容易切斷的地方。

從雞身開口釋出肉汁 先用叉子固定雞身，在你傾斜鍋子時，雞才不會在鍋子裡滑來滑去。

全雞剖半 從一側的雞胸與骨頭之間直直向下切開。砍斷小塊肋骨，使雞胸、雞翅、棒棒腿和雞大腿分離開來。另一側也重複同樣的步驟。

切成四等分 從雞胸和大腿之間切開，對準關節處，把半雞各切成兩大塊。雞胸和雞翅依舊相連，雞大腿和棒棒腿也是。

極簡小訣竅

▶ 先加熱煎鍋有助於加速烤熟腿肉，確保肉質多汁、雞皮酥脆，也不需要在烘烤期間把整隻雞翻面。

▶ 以肉眼查看熟度的方法：傾斜雞身，讓內部的肉汁從雞身開口流出來。如果肉汁帶有紅色或粉紅色，表示還沒有熟。每隔 5 分鐘檢查一次，直到肉汁呈現金色。吃剩的雞肉可以做成沙拉，也可以把整隻雞放涼再吃。

▶ 別一聽到要切開全雞就卻步。只要對關節的連接處有點概念，這就會變成你的第二天性。

變化作法

▶ 5 種增添風味的方法：

1. 把數枝新鮮香料植物（如迷迭香、百里香、歐芹或鼠尾草）塞入雞身的開口。
2. 在雞身上撒鹽和胡椒時，同時撒上 1 茶匙左右的乾燥香料植物，如百里香或奧勒岡。
3. 把新鮮的香料植物葉塞進雞皮裡（見本書 67 頁）。
4. 煎鍋裡肉汁的油脂撈掉後，加入 1 大匙第戎芥末醬拌勻。
5. 拌入 1 大匙的巴薩米克醋或雪莉酒醋。

切開雞翅與雞胸 找到雞翅與雞胸相連的關節處，從那裡切斷。你也可以把雞胸橫切成兩半，變成較小的雞肉塊。

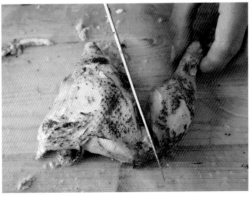

切開雞大腿和棒棒腿 拉動棒棒腿，找到兩者相連的關節處，從那裡切斷。

鍋煮雞肉搭配醬油清湯

Chicken in a Pot with Soy Broth

時間：1½ 小時（多數時間無需看顧）
分量：4 人份

中式雞湯大解析

· 1 隻全雞（1,350~1,800 克）
· 6~8 杯水或雞高湯
· ¼ 杯醬油，可依喜好多加
· 1 片月桂葉
· 10 顆胡椒粒
· 2 粒丁香
· 3 條胡蘿蔔，切成厚厚的硬幣狀
· 3 根芹菜莖，切成 5 公分大小
· 1 把青蔥，切成 5 公分大小

1. 雞肉放入湯鍋，加入足量的水或高湯，水面淹過雞身至少 2.5 公分。加入醬油、月桂葉、胡椒粒和丁香，煮滾後立刻把火轉小，讓湯汁溫和冒泡。蓋上鍋蓋，不要攪動，煮 15 分鐘。

2. 胡蘿蔔、芹菜和青蔥放入湯鍋，蓋上鍋蓋，煮到蔬菜變軟，雞肉也熟透，約 10~20 分鐘。把快速測溫的溫度計插入大腿肉最厚的地方，溫度約為 68~74°C時，雞肉就熟透了。

3. 等到雞肉煮熟，用夾子把整隻雞小心移到大碗。另外用有孔漏勺撈出蔬菜，裝在大盤裡。轉大火，讓清湯劇烈滾沸，直到稍微濃稠（收乾 25%），約 10~15 分鐘。

4. 雞肉放涼到可以處理後，切開雞肉、雞皮和雞骨頭，把雞肉放進裝好蔬菜的大盤。清湯用濾網過濾，嘗嘗味道，並用鹽、胡椒或更多醬油調味。上桌時，把一些雞肉和蔬菜夾進湯碗，淋上清湯。

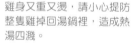

雞身又重又燙，請小心提防整隻雞掉回湯鍋裡，造成熱湯四濺。

熬煮雞湯 蓋上鍋蓋前，湯汁應該是平穩溫和冒泡，否則雞肉會煮得很乾澀。

移出雞肉 搬動全雞之前，先小心傾斜雞身，把雞身內部的熱湯和零散的胡蘿蔔片都倒出來。

極簡小訣竅

▶ 用水就可以了，畢竟有雞肉和蔬菜就能煮出清湯。但是用高湯會大幅提升風味。

▶ 如果湯鍋太大，只用 6~8 杯水無法淹過雞身，有 2 種選擇：不淹過雞身，但是燉煮的過程中翻面一、兩次。或加入更多液體，這樣就要多花一點時間把清湯的水分煮掉。

▶ 要有耐心：收乾清湯會花一點時間，而且你會希望盡可能增強清湯的風味。過程中要不斷試吃，才能知道是否已經煮好。

▶ 這道料理很適合搭配中式雞蛋麵、白米飯或糙米飯。

變化作法

▶ 更傳統的鍋煮雞肉：不加醬油和丁香。在步驟 1 把 900 克的小顆蠟質馬鈴薯與雞肉一起放入湯鍋內，紅皮或白皮皆可。在步驟 3 把清湯的水分收乾一些後，拌入 ½ 杯鮮奶油，並加 1 杯青豆仁。

延伸學習

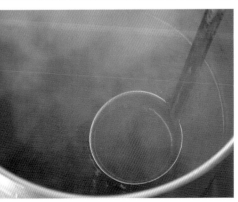

清湯的水分收乾一些 讓清湯劇烈滾沸，至少蒸發掉 ¼ 的水分，以增強風味。

取下雞肉 取下、撕碎雞肉的最佳工具就是雙手，如果你不熱中這種方式，也可以用兩支叉子（最後的成果稱為「手扒雞」）。

烤全雞

Grilled or Broiled Split Chicken

時間：大約 1 小時
分量：4 人份

把雞身攤平可以快一點烤熟，也不會烤焦。

- 1 隻全雞（1,350~1,800 克）
- 1 大匙切碎的新鮮迷迭香葉，或者 1 茶匙乾燥的迷迭香
- 2 茶匙鹽
- 1 大匙大蒜末
- 2 大匙橄欖油
- 2 顆檸檬，切成四等分，吃的時候附上

1. 準備一個燒烤爐進行間接燒烤，也就是燒烤爐內只有一半的空間放置燒紅的炭，另一半什麼都不放，金屬架距離火源約 10 公分。或把炙烤爐開到大火，金屬架距離熱源約 15 公分。移除全雞的脊椎骨：把雞身剖開攤平，雞胸面朝上，用主廚刀或廚房剪刀從胸椎骨的左邊和右邊向下切，從頭部切向尾部，去除脊椎骨，讓整隻雞伸展開來，用力壓平，翻面再壓一次。

2. 迷迭香、鹽、大蒜和 1 大匙橄欖油混勻。手指伸入雞皮和雞胸肉之間，把雞皮拉鬆，然後塞入一半的香料植物混合物，剩下的一半抹在整隻雞的外表。

3. 燒烤法：雞肉放到燒烤爐上溫度較低的一邊，有雞皮的一面朝上，加蓋烤到雞肉幾乎熟透，約 20~30 分鐘。接著翻面，讓雞皮那一面直接在火上燒烤。萬一火舌竄起，若是瓦斯燒烤爐，就把火焰轉小一點，若是燒炭烤爐，則把雞移回到間接燒烤的那一邊。烤一下，翻動或移動整隻雞一、兩次，直到油脂大部分都滴下，雞肉也烤熟為止，約 10~15 分鐘。如果是燒炭烤爐，可視需要加炭。

4. 炙烤法：雞放入帶邊淺烤盤，有雞皮的一面朝下，放入炙烤爐。你也許需要把雞移到更下層的金屬架，以免烤焦。等到雞肉看起來變得不透明，約 25 分鐘。把雞翻面繼續烤，直到雞皮烤成褐色，約 10~15 分鐘。視需要調整雞與熱源的距離，目標是烤熟但不至於烤焦。如果太快烤成褐色，讓雞皮那一面朝下，但收尾時最後要把雞皮烤到酥脆。

5. 把快速測溫的溫度計插進大腿肉最厚的部分，溫度約為 68~74℃時，肉就烤熟了。或在靠近骨頭的地方切出小口，會看到透明的肉汁流出來。靜置放涼到可以處理，再把雞切開分成數盤，淋上剩下的 1 大匙橄欖油，附上檸檬即可上桌。

剖開全雞 用刀刃的基部作為槓桿支點，會比較容易把骨頭切開，只是要確定自己的手指離得夠遠。

極簡小訣竅

▶ 廚房剪刀也很適合用來剪開雞隻。

變化作法

▶ 印度唐杜式烤全雞：不用迷迭香、鹽、大蒜和橄欖油。在步驟2，把1顆切成四等分的中型洋蔥、2瓣大蒜、1.2公分一段生薑（或1茶匙薑粉）、1大匙孜然粉、1茶匙芫荽粉、1/4茶匙卡宴辣椒、1茶匙鹽、1杯優格放入果汁機或食物調理機，打到滑順為止。把這個醃醬和全雞都放進大型烘焙烤盤，轉動整隻雞，使雞身完全裹上醃醬，然後冷藏12~24小時，不時翻面。烤之前盡可能把醃醬都刮掉，再接著後續步驟。

▶ 齊波特辣椒 – 萊姆風味烤全雞：不加迷迭香、鹽和大蒜，並以萊姆取代檸檬。在步驟2，把1/4杯切碎或打碎的罐頭齊波特辣椒（浸泡在阿多波醬汁裡）、2顆萊姆的萊姆汁和橄欖油混合，再依步驟2塗上雞身。吃的時候附上切成四等分的萊姆。

延伸學習

如果採取炙烤法，這個步驟則是將雞皮那一面翻過來朝上。

壓平剖開的全雞 如果向下壓的力道夠大，應該會聽到雞胸骨劈啪作響。要記住，正反兩面都要壓平。

剖開的全雞翻面 等到雞很容易在金屬架上移動，而且雞肉烤得扎實，就可以把雞皮那一面翻過去朝下。

雞肉沙拉

Chicken (or Turkey) Salad

時間：20 分鐘（用熟的雞肉或火雞肉）

分量：4 人份

你可能再也不會想要吃從商店買來的雞肉沙拉。

- ¼ 杯美乃滋
- 2 大匙第戎芥末醬
- 2 大匙橄欖油
- 1 顆檸檬汁
- 鹽和新鮮現磨的黑胡椒
- 450 克切絲或切成方塊的煮熟雞肉或火雞肉（約 1½ 杯）
- 1 杯切小塊的芹菜
- ¼ 杯切小塊的青蔥
- ¼ 杯切碎的杏仁，非必要

1. 把美乃滋、芥末醬、橄欖油、檸檬汁、一撮鹽和胡椒放入大碗裡打勻。

2. 加入雞肉、芹菜和青蔥，要加杏仁的話也加進去，攪拌到所有東西都裹上醬汁。做到這裡，你可以把沙拉放入冰箱冷藏一、兩天，上桌前的 15 分鐘左右先拿出來回溫。嘗嘗味道並調味即可上桌。

沙拉靜置（或急速冷卻）時，雞肉會吸收醬汁，因此要偶爾攪拌一下，讓所有材料都重新吸附醬汁。

用來做沙拉的雞肉 可用刀子把雞肉切成小方塊，或用手指撕成細條，依你喜歡的口感而定。

雞肉撕成細絲會做出口感更軟的沙拉。

攪拌沙拉 確定所有材料都裹得很均勻。如果有時間，可以讓沙拉冷藏 1 小時或更久，把各種風味融合起來。

極簡小訣竅

▶ 可利用手邊的隔夜菜，但絕對值得為了做沙拉而特別煮雞肉或火雞肉。雞肉還溫溫的時候，更能吸收沙拉醬汁。

▶ 如果你不喜歡美乃滋，可以用紅酒醋來做沙拉醬汁。

▶ 已經調味過或與蔬菜一起煮成的隔夜菜，可以做成很棒的冷沙拉。不妨將蔬菜切小塊放入，最後再以鹽和胡椒調味，就會很好吃。

▶ 雞肉或火雞肉沙拉放在爽脆的萵苣葉上，再配上番茄切塊，總是深受歡迎。

變化作法

▶ **6 種適合的配料：**

1. 1 杯葡萄（紅葡萄或綠葡萄皆可）
2. 1 顆蘋果或梨子切小塊
3. ½ 杯美洲山核桃或核桃
4. ⅓ 杯蔓越莓果乾
5. 1 顆全熟水煮蛋切小塊
6. 1 大匙切碎的風味強烈的新鮮香料植物，像是薄荷或龍蒿

延伸學習

烤火雞

Roast Turkey

時間：3~4 小時

分量：8~12 人份

希望你玩得開心，第一次烤火雞的體驗永遠難忘。

· 1 隻火雞（5,400~6,300 克）
· 8 大匙（1 條）奶油，使之軟化
· 鹽和新鮮現磨的黑胡椒
· 1 杯大致切小塊的洋蔥
· 1 杯大致切小塊的胡蘿蔔
· ½ 杯大致切小塊的芹菜
· 1 束新鮮歐芹莖枝，以廚房用細繩綁在一起，非必要

1. 烤箱預熱到 260℃。在水龍頭下以冷水沖洗火雞，並從身體的開口取出內臟。想要的話可以切掉多餘的脂肪和翅尖。以紙巾把火雞拍乾，用奶油抹遍雞皮，並撒點鹽和胡椒。

2. 把火雞放進大型烤肉盤，雞胸面朝上，放到金屬架上。倒 ½ 杯水到烤盤底部，將洋蔥、胡蘿蔔、芹菜和歐芹放入烤盤，同時放入火雞脖子、手邊有的內臟（不放也可以）以及切掉的翅尖。把火雞放入烤箱，可以的話從火雞腳那一端放進去。

3. 烘烤火雞，直到頂部開始變成褐色，約 20~30 分鐘，然後把烤箱溫度降低到 160℃。繼續烘烤，每隔 30 分鐘查看一下，並把烤盤裡的湯汁刷到火雞上。如果烤盤底部變乾，加入大約 ½ 杯水，烤盤底部應該要一直都有一點液體。

4. 把快速測溫的溫度計插入大腿肉最厚的部位，若溫度約 68~74℃，代表烤熟了，這估計大概要 2½~3½ 小時。如果頂部太快變成褐色，蓋上一大張鋁箔紙。假如頂部看起來不夠褐，則把溫度提高到 220℃，烘烤至少 20~30 分鐘。

5. 火雞烤好後，傾斜雞身，讓內部的汁液從開口流到烤盤裡，再把火雞移到砧板上，用一大張鋁箔紙鬆鬆包住，靜置至少 20 分鐘再切。如果你想把烤盤裡的湯汁一起端上桌，先過濾好，然後倒入玻璃量杯，等油脂浮到表面就撈除掉，湯汁則保溫到上菜時。如果想要有更多湯汁，可以加入數杯雞高湯或火雞高湯。如果不準備附上湯汁，則保留烤肉盤上的所有褐渣，這可以用來製作肉汁。

可吃的內臟放不放皆可，如果要放，請與火雞一起烘烤。

火雞進烤箱 火雞以外的所有材料都會讓烤肉盤裡的湯汁充滿風味，也會成為肉汁的基礎。

極簡小訣竅

▶ 市場賣的整隻火雞大多是標準尺寸，飼養方式類似傳統的雞，品質也都差不多，沒有什麼特殊。倒是絕對要避免購買預先塗油的火雞，也就是注滿各種風味蔬菜油、水的火雞。真正的野生火雞既瘦又少見。除了這些以外，雞的標示標準也適用於火雞，可參見本書 53 頁的詳細描述。

▶ 如果你是從冷凍火雞開始，動手之前先把火雞徹底退冰，估計 5,400~6,300 克的火雞在冷藏室退冰至少需要 48 小時。假如你趕時間，可以把火雞放在注滿冷水的水槽（或大碗），浸泡 8~12 小時，每隔數小時就換一次水。但不要放在溫水或熱水裡，也不要只是放在流理枱上。

延伸學習

切下白肉 最簡單的方法就是只從雞胸切下厚片。

切下火雞腿和大腿 這部分與切開整隻烤雞很像，就是從與脊椎骨相連的關節切斷。

切下腿肉 把火雞腿和大腿（還相連）在砧板上放穩，用力向下切出一片片肉。

感恩節大餐的基本知識

烤盤裡的餡料

　　把火雞和餡料分開料理絕對比較好吃。如此一來，兩者會是烤熟（而非蒸熟），該酥脆的部位很酥脆，烤盤裡的湯汁也不會浮著一大堆不想要的東西。最後一點，塞滿餡料的火雞要花很長的時間才會熟透，因此會有食物安全的風險。以下介紹一種足夠 8~12 人吃的美味餡料，只要花很短時間就可以在前一晚先準備好，等到火雞烤好靜置時再重新加熱就行。

製作麵包丁

1. 烤箱預熱到 190℃。2 大匙奶油塗抹長 33 公分、寬 23 公分的烤盤。這一整份食譜總共需要準備 16 大匙或 2 條奶油。

2. 將一大條麵包切成 2.5 公分的厚片。全麥麵包或白麵包都無所謂，只要是你愛吃的、品質夠好就行。麵包乾掉也沒關係，而且我會保留麵包的外皮，那會增添口感。

3. 取幾片麵包放入食物調理機，間歇攪打成差不多像青豆仁的大小，倒進碗裡，再重複同樣的步驟，直到所有麵包都打碎。你應該會得到 8 杯的量。

把餡料綜合起來

1. 其餘奶油放進一只大湯鍋，開中火，等奶油融化並冒出氣泡，放入 1 顆大型洋蔥和 4 根芹菜（都切小塊），拌炒到蔬菜變軟，約 3~5 分鐘。再加入 1 杯切碎的核桃，不停拌炒到變成褐色，約 2~3 分鐘。

2. 加入前面打好的 8 杯料和 2 大匙切碎的新鮮鼠尾草葉（或 2 茶匙乾燥的鼠尾草），輕拌混勻。此時的麵包碎丁應該會微濕，但不會濕爛。如果餡料看起來太乾，加入雞高湯或水攪拌均勻，一次加入 ½ 杯（應該不必加到超過 1½ 杯）。

3. 撒點鹽和胡椒，再度輕拌均勻，最後嘗嘗味道並調味，熄火。

烤熱餡料

1. 餡料移到準備好的烤盤裡，烘焙到表面變成金色（但不要太焦），內部也蒸熱，約 40~50 分鐘。取出放涼，用鋁箔紙包好冷藏。

2. 到了感恩節當天，火雞烤好的 1 小時前，從冰箱取出餡料，使之回復到室溫。從烤箱取出火雞後，把烤箱溫度調低到 190℃，然後將餡料放入烤箱，如果烤盤是玻璃材質，請確定摸起來沒有冰冰的，然後烤 15~20 分鐘，直到全部熱透為止，此時放入快速測溫的溫度計測出的溫度約 71℃。

3. 拿掉鋁箔紙，繼續烘焙，直到表面烤成褐色且酥脆，約 5~10 分鐘。

製作肉汁

　　無論火雞滴出什麼東西，都是超美味肉汁的基礎。為了增加分量，你也會需要高湯，這時候水就無法取代高湯了。把肉汁收乾一點，這時你可以離開去忙別的事。

準備烤盤和內臟

　　火雞從烤肉盤上移開後，取出內臟切碎，與火雞脖子一起放回烤肉盤。把烤肉盤裡湯汁表面的油脂撈除一些，盡可能保留所有固體和深色湯汁。接著將烤肉盤放在爐口上，開大火。

溶解烤盤上的褐渣

　　等烤盤上的固體開始滋滋作響，加入 6 杯火雞高湯或雞高湯。請自己做火雞高湯，詳細作法可見第 2 冊 66 頁。把烤盤的褐渣全都刮起來，把火轉小一點，使高湯微微沸騰冒泡，攪拌到散發出香氣，約 5 分鐘。同時間把 ⅓ 杯玉米澱粉和 ¼ 杯水放入小碗內，攪拌到完全滑順。

完成肉汁

　　用篩子把烤盤裡煮好的肉汁濾進大湯鍋，濾出的固體請丟棄。肉汁再煮滾，接著將調好的玉米糊加入滾沸的肉汁，持續攪拌，肉汁會立刻變得很濃稠。嘗嘗味道並調味，趁熱上桌。

你可以用小火保溫肉汁，最多 10 分鐘。

掌握重要晚宴的時機

　　我有 2 個建議可以減輕這頓大餐的壓力：找一、兩位幫手來協助上菜和招呼客人。而且請記住，只有肉汁需要趁熱上桌，其他所有菜餚都可以從冰箱裡拿出來或在常溫下食用。以下是準備方法：

▶ 火雞不應該直接從烤箱端上桌。火雞夠大，可以靜置 1 小時都不會完全涼掉，所以一從烤箱拿出來，就用一大張鋁箔紙鬆鬆地包住，放在帶邊淺烤盤或盤子裡，以盛住流出的肉汁。

▶ 烤菜和焗烤菜都可以先烤好保溫，或前一天先組合起來，等火雞出爐後再進烤箱加熱。進冰箱冷藏時，先裝在預定要用來烘焙和上菜的餐具裡（密密包起），這樣就不會手忙腳亂。

▶ 烤菜和焗烤菜放入烤箱加熱後，每隔一陣子要察看，需要的話把烤盤或盤子轉動一下，以便均勻加熱。烤好後拿出來，用鋁箔紙包好，這樣就可適度保溫。

▶ 你可以這樣準備：製作肉汁的時間約 15~20 分鐘，這與所有餐點端上桌、招呼全家人坐定的時間差不多。

紅酒燉
火雞肉塊

Turkey Parts Braised in Red Wine

時間：大約 1½ 小時

分量：4~6 人份

讓火雞展現出截然不同的美味風采。

- 3 大匙橄欖油
- 1,350~1,800 克的火雞大腿肉或火雞腿肉
- 鹽和新鮮現磨的黑胡椒
- 1 大顆洋蔥，切小塊
- 1 條中型胡蘿蔔，切小塊
- 1 根芹菜莖，切小塊
- 1 大匙大蒜末
- 2 杯帶果香的紅酒
- ¼ 杯紅酒醋
- 3 整粒丁香，或一撮丁香粉
- 1 片月桂葉
- 1 大匙切碎的新鮮迷迭香葉，或 1 茶匙乾燥的迷迭香
- 1 片橙皮（約 2.5x7.5 公分）

1. 用紙巾拍乾火雞的大腿肉。2 大匙橄欖油放入大湯鍋，開中大火，等油燒熱，大腿肉下鍋，不要放得太擠，需要的話分批煎。撒點鹽和胡椒，煎一下，不要撥動，直到可以在鍋子裡移動，約 5~10 分鐘。注意調整火力，讓油脂滋滋作響，但火雞肉不至於煎焦。翻面，幫另一面調味，再繼續煎，每隔幾分鐘翻面並轉動，把整塊肉煎成均勻的褐色，約 10~15 分鐘。肉塊煎好，從鍋子裡夾出來，然後小心倒出鍋裡的油脂，只留 1 大匙，其餘丟棄，並用紙巾把鍋子擦乾淨。

2. 湯鍋放回爐子上，開中火，加入剛才保留的 1 大匙油。油燒熱後，放入洋蔥、胡蘿蔔、芹菜和大蒜，拌炒到蔬菜變軟，約 5~10 分鐘。倒入紅酒，轉中大火，讓紅酒平穩沸騰冒泡，拌炒約 1 分鐘。倒入紅酒醋、丁香、月桂葉、迷迭香、橙皮、一些鹽和胡椒，攪拌均勻。最後把大腿肉放回鍋子裡，帶皮的那一面朝上，轉小火，蓋上鍋蓋。調整火力，讓湯汁非常緩慢地沸騰冒泡。

3. 每隔 15 分鐘打開鍋蓋，幫大腿肉翻面，並確定湯汁依然繼續冒泡、鍋子裡看起來也不會太乾（太乾就加入 ¼ 杯水），然後蓋回鍋蓋。等到火雞肉煮了 30 分鐘，便將烤箱預熱到 90°C。

4. 把快速測溫的溫度計插入大腿肉最厚的部位，若溫度約 68~74°C，就代表煮好了。煮好時，大腿肉移到烤盤，進烤箱保溫。用大湯匙把其餘湯汁表面的油脂撈掉，轉大火，讓湯汁劇烈滾沸，直到變濃稠，收乾到原本的一半，約 15~20 分鐘。嘗嘗味道並調味，再用湯匙把醬汁淋到火雞肉上即可上桌。

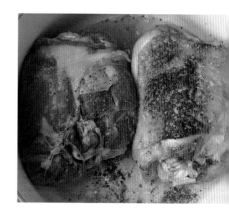

火雞大腿肉煎成褐色 顏色越深，表示風味越深邃。不時翻面、轉動，把每一面都煎到酥脆。

極簡小訣竅

▶ 這又是一道即使不先煎肉也不會搞砸的煨燉料理，如果你趕時間，可跳過步驟 1，只要在步驟 3 把大腿肉煨燉久一點就可以了。

▶ 假如不想加酒，可加自製的雞高湯、火雞高湯或蔬菜高湯。

變化作法

▶ **蕈菇煨燉火雞肉**：在步驟 1 之前，先把 30 克的乾燥牛肝菌菇放進小碗，倒入熱水淹過，浸泡一下，此時可以同步進行步驟 1。到了步驟 2，準備 225 克去蒂的新鮮菇切片，與其他蔬菜一起放入湯鍋。等蔬菜變軟，取出剛才浸泡的牛肝菌菇，大略切小塊，放入湯鍋，並倒入大部分的浸泡水，小心不要倒入沉在碗底的沉澱物。從步驟 3 開始接著後續步驟。

延伸學習

上菜前也要把丁香、月桂葉和橙皮夾出來。

檢視湯汁狀況 煨燉火雞肉的過程中，如果鍋子裡看起來太乾，就拌入一點水。無論如何醬汁都會減少。

撈除湯汁上的浮油 從鍋子邊緣開始，讓湯匙在湯汁表面以下一點點的地方滑動，你會撈起浮油，但不要撈到湯汁。

極簡烹飪技法速查檢索

如果擁有一整套的《極簡烹飪教室》，當你需要更熟練某一種技巧，或是查詢某食材的處理方法，便可從本表反向查找到遍布全系列各冊中，列有詳細解說之處。

準備工作

烹飪技巧

重要名詞中英對照

一分熟	rare
丁骨牛排	T-bone steak
七分熟	medium-well
三分熟	medium-rare
上後腿肉	top round
五分熟	medium
五香粉	5-spice seasoning
水牛城辣雞翅	Buffalo chicken wing
牛小排	short rib
牛尾	oxtail
牛肩肉塊	shoulder roast
牛肩胛肉塊	chuck roast
牛前肘肉塊	arm roast
牛胸肉	brisket
牛腰內肉（豬小里肌肉）	tenderloin
牛腰脊肉（沙朗）	sirloin
牛腱	shank
牛頰肉	cheek
全熟	well-done
印度唐杜里烤雞	Tandoori
羊架	rack of lamb
羊排	lamb chop
肉塊	roast
肉餅	meat loaf
肋眼牛排	rib-eye steak
自由放養	free range
沙門氏菌	Salmonella
沙威瑪	kebabs
沙朗牛排	sirloin steak
角尖肉	tri-tip
法式昂杜耶內臟腸	Andouille
法式黑胡椒牛排	steak au poivre
芫荽	coriander
阿多波醬汁	adobo

前腰脊牛排（紐約客牛排）	strip steak
前腿牛腱	shin
後腿牛排	round steak
後腿肉（臀肉）	round
炭烤／燻烤	barbecue
紅屋牛排	porterhouse
美國農業部	
	U. S. Department of Agriculture
胡椒子／乾胡椒	peppercorn
泰椒	Thai chile
祖傳蔬菜	heirloom vegetable
側腹橫肌牛排	skirt steak
焗烤	gratin
甜豌豆	snap pea
頂級牛肋	prime rib
硬式圓麵包	hard roll
菲力牛排	filet mignon
鄉村麵包	rustic-style bread
黑芝麻油	dark sesame oil
圓餅肉腸	sausage patty
照燒醬	teriyaki sauce
義式辣肉腸	pepperoni
聖路易肋排	St. Louis cut
漢堡圓麵包	hamburger bun
綠扁豆	green lentil
辣醬油	spicy soy sauce
酸味香腸	summer sausage
齊波特辣椒（煙燻哈拉貝紐辣椒）	
	chipotle
劍旗魚	swordfish
德式肉腸	brats/bratwurst
德國酸菜	sauerkraut
豬上肩肉（梅花肉）	pork butt
豬小肋排	baby back ribs

豬肋排（胸部）	spare ribs
豬腰內肉（小里肌）	pork tenderloin
豬腰肉塊（里肌肉）	loin roast
豬腰脊肉塊	sirloin roast
豬腿肉塊	ham roast
燜燉牛肉	pot roast
臀肉塊	rump roast
雞肋肉	chicken tender
雞蛋麵包	eggy roll
邋遢喬漢堡	Sloppy Joe

換算測量單位

必備的換算單位

體積轉換為體積

3 茶匙	1 大匙
4 大匙	¼ 杯
5 大匙加 1 茶匙	$1/^3$ 杯
4 盎司	½ 杯
8 盎司	1 杯
1 杯	240 毫升
2 品脫	960 毫升
4 夸特	3.84 升

體積轉換成重量

¼ 杯液體或油脂	56 克
½ 杯液體或油脂	112 克
1 杯液體或油脂	224 克
2 杯液體或油脂	454 克
1 杯糖	196 克
1 杯麵粉	140 克

公制的概略換算

測量單位

¼ 茶匙	1.25 毫升
½ 茶匙	2.5 毫升
1 茶匙	5 毫升
1 大匙	15 毫升
1 液盎司	30 毫升
¼ 杯	60 毫升
$1/^3$ 杯	80 毫升
½ 杯	120 毫升
1 杯	240 毫升
1 品脫（2 杯）	480 毫升
1 夸特（4 杯）	960 毫升（0.96 升）
1 加侖（4 夸特）	3.84 升
1 盎司（重量）	28 克
¼ 磅（4 盎司）	114 克
1 磅（16 盎司）	454 克
2.2 磅	1 公斤（1,000 克）
1 英寸	2.5 公分

烤箱溫度

描述	華氏溫度	攝氏溫度
涼	200	90
火候非常小	25	120
小火	300–325	150–160
中小火	325–350	160–180
中火	350–375	180–190
中大火	375–400	190–200
大火	400–450	200–230
火候非常大	450–500	230–260

How to Cook Everything the Basics:
All You Need to Make Great Food

《極簡烹飪教室》
系列介紹

　　人人皆知在家下廚的優點，卻難以落實於生活中，讓真正的美好食物與生活同在。這其實都只是欠缺具組織系統的教學、富啟發性的點子，以及深入淺出的指導，讓我們去發掘自己作菜的潛能與魔力。《極簡烹飪教室》系列分有 6 冊，在這 6 冊中，將可以循序漸進並具系統性概念，且兼顧烹飪之樂與簡約迅速的原則，從 185 道經典的跨國界料理出發，實踐邊做邊學邊享受的烹飪生活。

— Book 1 —
早餐、點心與沙拉
44 道難度最低的早餐輕食，起步學作菜。

極簡烹飪教室 1：早餐、點心與沙拉
Breakfast, Appetizers and Snacks, Salads
ISBN　978-986-92039-7-5　定價　250

— Book 2 —
海鮮、湯與燉煮類
30 道快又好做的料理，穩扎穩打建立自信心。

極簡烹飪教室 2：海鮮、湯與燉煮類
Seafood, Soups and Stews
ISBN　978-986-92039-8-2　定價　250

— Book 3 —

米麵穀類、蔬菜與豆類

37 道撫慰人心的經典主食，絕對健康營養。

極簡烹飪教室 3：米麵穀類、蔬菜與豆類
Pasta and Grains, Vegetables and Beans
ISBN 978-986-92039-9-9 定價 250

— Book 5 —

麵包與甜點

收錄 35 道經典百搭的可口西點。

極簡烹飪教室 5：麵包與甜點
Breads and Desserts
ISBN 978-986-92741-1-1 定價 250

— Book 4 —

肉類

35 道風味豐富的進階料理，準備大展身手。

極簡烹飪教室 4：肉類
Meat and Poultry
ISBN 978-986-92741-0-4 定價 250

— 特別冊 —

廚藝之本

新手必備萬用指南，打造精簡現代廚房。

極簡烹飪教室：特別本
Getting Started
ISBN 978-986-92741-2-8 定價 120

極簡烹飪教室 4　肉類

How to Cook Everything The Basics:
All You Need to Make Great Food
— Meat and Poultry

作者	馬克·彼特曼 Mark Bittman
譯者	王心瑩
編輯	郭純靜
副主編	宋宜真
行銷企畫	陳詩韻
總編輯	賴淑玲
封面設計	謝佳穎
內頁編排	劉孟宗
社 長	郭重興
發行人	曾大福
出版總監	曾大福
出版者	大家出版
發 行	遠足文化事業股份有限公司
	231 新北市新店區民權路 108-4 號 8 樓
	電話 (02)2218-1417　傳真 (02)8667-1851
	劃撥帳號 19504465　戶名 遠足文化事業有限公司
法律顧問	華洋法律事務所　蘇文生律師
定 價	250 元
初版	2016 年 3 月
初版四刷	2017 年 2 月

HOW TO COOK EVERYTHING THE BASICS:
All You Need to Make Great Food-With 1,000 Photos by Mark Bittman
Copyright © 2012 by Double B Publishing
Photography copyright © 2012 by Romulo Yanes
Published by arrangement with Houghton Mifflin Harcourt Publishing Company
through Bardon-Chinese Media Agency
Complex Chinese translation copyright © 2016
by Walkers Cultural Enterprises Ltd. (Common Master Press)
ALL RIGHTS RESERVED

國家圖書館出版品預行編目 (CIP) 資料

極簡烹飪教室 . 4, 肉類 / 馬克·彼特曼 (Mark Bittman) 著，王心瑩譯 .
— 初版 . — 新北市 : 大家出版 : 遠足文化發行，2016.03
面；公分；譯自：How to cook everything the basics : all you need to make great food
ISBN 978-986-92741-0-4(平裝)
1. 肉類食譜
427.1　　104029150